U0194073

UnRead
–
生活家

这样的家更好住

理想を叶えた
間取りとインテリア325

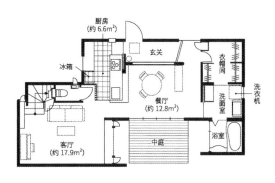

厨房
(约 6.6m²)

玄关

衣帽间

冰箱

洗衣机

餐厅
(约 12.8m²)

洗面室

浴室

客厅
(约 17.9m²)

中庭

[日] 株式会社无限知识 ———— 著   曹 倩 ———— 译

北京联合出版公司
Beijing United Publishing Co.,Ltd.

目录
contents

这样的家更好住

part 3
idea 212-325

设定"关键词"，让家装充满创意巧思

用创意实现房间的理想布局

东京都·K宅

钢混结构·三层
家庭成员: 夫妻二人+父母+奶奶+一只爱猫
占地面积: 242 平方米
总使用面积: 270 平方米
设计= Milligram Architectural Studio

摄影=水谷绫子 文=宫崎博子

用杂货或旧物做装饰,
打造一个风格多变的家

阳光从阳台洒进三楼的餐厅,既
温暖又舒适。铺了地暖的地方用
了水泥地,女主人说:"水泥地
出现裂缝之后有一种泛旧的味
道,这种变化别有一番生趣。"

idea
002

像雕刻物般拥有
迷人曲线的螺旋楼梯

一束光透过天窗照射在拥有迷人
曲线的螺旋楼梯上，生出一片阴
影。考虑到年事已高的奶奶，这
栋房子设计时就将一楼的层高降
低，能很快从一楼上到二楼，几
乎不费什么力气。

idea
003

在房间移动时
颇为有趣的 U 字形设计

从二楼上到三楼，向右一直往里
走就是卧室。K 太太说："所有
空间无法一眼望穿这个设计很有
意思。走过每一个房间的时候，
心情好像也随之改变，这种感觉
还挺不错的吧。"

选材考究、精心打造
装修后效果称心如意

在白墙砖映衬下的木质橱柜、阳光从天窗中洒下
的螺旋楼梯……K 先生家的每一个地方，都仿佛从西
洋书中跑出来的场景，美得如画一般。"我丈夫和我
都很喜欢待在家里。为了打造一个舒适的空间，我们
有很多想做的事情。我们委托了建筑师内海智行先生
帮我们打造这个家，并十分努力地想要让他明白我们
想要什么样的家，还给他看了我们出国旅游时拍的照
片。"K 太太说。

这家的女主人曾经在家居店上过班，非常喜欢日
用杂货和家具。因为父母决定跟奶奶一起生活，所以
她和丈夫决定要盖一个三代人可以一起居住的家。长
期以来，夫妻二人收集了许多家居饰品，希望将这些
东西放在新家里，所以最先做的事情，便是盖一个理
想的房子。

K 先生家的地皮位于住宅密集区，离车站很近，
周围环境很好，有很多高层建筑。为了既能保护个人
隐私，又能保证采光和通风，他们将房子格局设计成
了 U 字形。三代人的生活习惯各不相同，三层的房子
能很好地满足全家人的需求。

　　一楼是 K 先生父母的卧室和家庭影院。K 先生父母和奶奶的主要活动空间在二楼，三楼则打造成夫妻俩喜欢的风格。

　　因为这幢房子盖成了 U 字形，所以由墙隔开的空间更能令人感受居住的舒适。三楼的小厅中心设计成英式风格的餐厅，杂物间和卧室一览无余。

　　这幢房子简直是室内装修和建筑风格完美融合的典范。

拐角的设计为整个空间增添了深度。餐厅是英式风格，客厅则有一些法式的味道。每一个角落都布置得非常完美。

泛旧的隔扇与画框，
让家中既舒适又温馨

idea
004

兼具功能性的雅致木质橱柜

与白瓷砖搭配的木质橱柜是在目黑的家居定制店"FILE"定制的。厨房里的半高木板隔墙做得较高，这样一来从客厅就看不到水槽及灶台了。

idea
005
利用可爱的小物件,
将洗面台打造成酒店风格

idea
006
开关和插座板
全部采用进口货

idea
007
灶台、卫生间及浴室等用水的地方都用白瓷砖统一风格

[idea005] 墙上安装了两面镜子,小镜子是化妆时使用的放大镜,这个巧思将洗面台的时尚度大大提升。洗面台是木头材质,在表面抹灰,再搭配一个简单实用的医用水槽。

[idea006] 除了需要地线的部分外,三楼所使用的开关和插座板全部采用了美国制。插座的内边框采用了圆滑的弧度设计,和整体风格保持了一致。这些开关和插线板是女主人从在大阪经营建材的R.C.Company 公司邮购的。

[idea007] 洗漱间的尽头是厕所。三楼所有用水的地方都用白瓷砖做基调。厨房墙上的白瓷砖接缝并不明显,洗漱间的白瓷砖则使用了灰色的接缝。为了有所区分,厕所的白瓷砖采用了白色接缝,每一面墙都在细节处展现出不同的风格。

[idea008] 橡木拼接地板搭配天蓝色的墙面,这间极有特色的卧室给人一种怀旧校舍的感觉。壁橱的门是在一扇旧门的底边加了一片铁板,重新改造制作而成的。

idea
008
卧室是
学校宿舍风格

idea 009 可以收纳半干碗盘和洗菜盆的设计

idea 010 多用途的万能杂物间

idea 011 根据使用频繁程度放置厨具或餐具

[idea009] 在厨房的设计中，K太太最满意的是水槽左下方的抽屉。K太太说："做饭的时候经常用到碗盘和洗菜盆，洗完以后立刻能将湿答答的厨具放在抽屉里的不锈钢控水架上，实在是太方便了。"

[idea010] 打开木门，里面是杂物间。这个房间采光很好，夫妻二人假日时偶尔会在这里吃顿早饭。如果搭上一根可收纳起来的晾衣杆，这里还可以当成晒衣服的阳台。

[idea011] 为了不遮挡视线，只在墙上安装了壁橱。K太太站起来时的视线高度，与常用茶具的固定位置持平。这个壁橱既不会太深，也非常方便收放东西。

仿佛置身于欧洲
街角房屋的大门口

门口的地面随性地铺设了毛面铺地石。在设计房子的时候，正面的墙本来没有打通，但为了通风和视线的开阔特意将其打通，使房子看起来更有设计感。

idea
012

光线微暗的楼梯口

从光线微暗的楼梯向上走，就来到了光线充足的三楼。楼梯的地板铺了一层紫色的地毯，让人很想安静地坐在这里。简洁大方的照明设备的设计，出自内海智行之手。

客厅 + 餐厅（约 19m²）

厨房（约 5.8m²）

阳台

和室
（约 10m²）

和室
（约 10m²）

洗衣机
洗衣机

收纳间

2F

车库

仓库

玄关

家庭影院
（约 16.5m²）

娱乐房
（约 5m²）

卧室
（约 14m²）

收纳间

1F

N

0.5m   2m
　1m

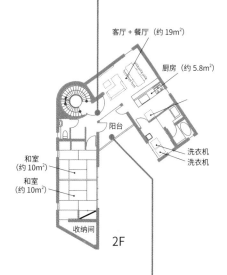

idea
014

宽敞的大阳台，
在家中尽享户外乐趣

从三楼可以欣赏到这个大阳台上摆放的植物。此外，在阳台摆一个炭炉，就能开一个烤肉聚会了，可谓用途多多。铺在地上的板子是夫妻二人从宜家家居买来，自己拼装的。

idea
015

宽敞的玄关
让行动更自由

与楼梯口相邻的玄关十分宽敞，地板铺得很平整，即使推着轮椅进来，也能畅通无阻。和厨房里的橱柜一样，玄关处安装的木质鞋柜也是从家具定制店"FILE"定制的。

idea
016

将餐具柜
摆放在餐桌旁

餐厅的餐具柜里摆满了各种各样的杯子和日式餐具。夫妻二人每年会去在栃木县益子町举办的陶器市集两次，家里的餐具很多都是在那里淘的。看着这些淘回来的宝贝，也能再次找回旅行时的心情。

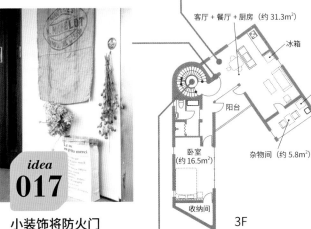

idea
017

小装饰将防火门
装点得漂漂亮亮

K 先生家地处防火区域内，家中必须设有防火门。因为整个门都是铁质，所以在门上可以放一块吸铁石，挂上干花或布帘等不会影响开关门的东西做点缀。整个装点的过程，令人乐在其中。

idea
018

连接三层楼
的平缓螺旋楼梯

这个螺旋楼梯是连接三层楼的"公共区域"。K 太太说："跟直角楼梯不同，爬螺旋楼梯的时候能看到终点，所以其实在上下楼梯时并不费力。"

平面图标注：
- 客厅 + 餐厅 + 厨房（约 31.3m²）
- 冰箱
- 洗衣机
- 阳台
- 卧室（约 16.5m²）
- 杂物间（约 5.8m²）
- 收纳间
- 3F

设计师资料
Milligram Architectural Studio
地址：东京都大田区久原 4-2-17
电话：03-5700-8155　传真：03-5700-8156
电子邮箱：info@miligram.ne.jp
主页链接：http://www.miligram.ne.jp

简介

内海智行
Utsumi Tomoyuki

1963 年生于茨城县，在英国皇家艺术学院、日本筑波大学大学院修完研究生课程。曾在大成建设设计本部任职，1998 年成立工作室 Milligram Architectural Studio。

房屋资料

K 宅所在地：东京
家庭成员：夫妻二人 + 父母 + 奶奶 + 一只爱猫
结构层数：钢混结构 · 三层
占地面积[1]：242 平方米
总使用面积：270 平方米
一楼使用面积：92 平方米
二楼使用面积：85 平方米
三楼使用面积：85 平方米
房顶使用面积：8 平方米
地域类型：第一种居住专用地域
该区域建筑密度：38%（许可上限为 70%）
容积率：108%（许可上限为 181%）
设计期间：2010 年 8 月 -2011 年 4 月
施工期间：2011 年 5 月 -2011 年 12 月
施工单位：河津建设

建材

外部使用建材
房顶：防水层
外墙：蒸压加气混凝土、丙烯酸树脂涂料、一部分铺有落叶松板材

内部使用建材
三楼客厅
地板：橡木板材（人字形拼铺）
墙面及房顶：环氧涂料

餐厅厨房
地板：水泥地面（进行防尘处理）
墙面：环氧涂料、一部分贴瓷砖
房顶：环氧涂料

主要设备及家用器具厂家
定制厨房：FILE
厨房设备及家用器具：东京煤气公司、H&H JAPAN
卫浴器具：CERA TRADING、TOTO、松下
照明器具：LE KLINT
地暖系统：东京煤气公司

1 原文为"延床面积"，指房屋每个楼层使用面积总和，但楼梯井一类空间只计一楼层所占面积，而计算每楼层使用面积时又都将其包括在内，因此后文中会出现各楼层使用面积之和大于总使用面积的情况。

东京都·A 宅

一户建（日式独院住宅）·木结构·两层
家庭成员：夫妻二人
占地面积：111.58 平方米
总使用面积：88.08 平方米
设计＝杉浦英一建筑设计事务所

摄影＝中村绘　文＝松川绘里

打造一扇大落地窗借景，
把窗外的绿色请进屋

房子的东南侧有一个托儿所的庭院，还有一条林荫道，所以面朝东南侧安装了一个大落地窗。为了能更有效地利用空间，这家选择了开放式厨房，从冰箱到家电全部都收在柜子里，整个房间看起来十分干净整洁。

15

idea 020

利用大落地窗，"借"一抹绿色到屋里来

落地窗外的景色让人仿佛置身于公园之中。双层玻璃的落地窗是固定的，不能打开，两侧则安装有通风用的小窗。为了不让空调挂在墙上太突兀，所以将空调嵌进了墙内。A先生和太太都非常满意的沙发，是从家居店"blue quince"订购的。

被绿色治愈的家中充满喜悦

房间的整面墙做成了大落地窗，透过落地窗看出去，托儿所的庭院、公园、河边的绿荫映入眼帘。A太太说："以前这里是爷爷家。那时，东南墙上并没有窗户，虽然外面绿意浓浓，但完全没有发现家附近的环境有多好。而且房子靠近河边，有人跟我们说这里有被水淹的危险，再加上有输电线，对房子的高度也有限制。之前由于这些原因，觉得这个房子不太好，所以我们才想到要借助专家的帮忙，于是委托了杉浦英一设计师帮我们设计。"

房子的占地是一个不太规则的四边形，北面有一块地面仿佛被

以窗外景色为主，每一个简洁的角落都透露着主人的用心，让客厅成为身心放松的场所

斜切了一刀一样，有些歪斜。此外，这个房子在设计时还受限于不能建满整块占地这样的当地法规，对房子的高度也有要求，可以说设计上的可发挥性受到了极大的限制。

杉浦在设计时将卧室以及客厅、厨房等主要的房间都按照北面的斜度进行了角度的调整。这样一来，房间就能朝向外面的绿荫和附近的樱花树了。由于房间角度的调整，所以卧室等地方会出现三角形或是高台一样的空间，而杉浦将这些不规则形状的空间巧妙利用起来，用作收纳或当作外部空间。连廊、阳台等

半室内的外部空间的出现，也增加了房子的纵深感和延伸感。

A先生表示，自己搬来这里以后就更喜欢回家了。他说："休息日的时候，我会待在客厅里什么都不想，就看着外面的景色。观察外面树上的野鸟非常有意思，我专门做了一个给野鸟放饲料的台子。不用担心会被邻居看到，可以随心所欲地放松身心，是这个房子最大的优点。"现在，室内的观赏性植物也越来越多了，A先生和A太太表示，非常享受不断充实这个"治愈空间"的过程。

idea 021
能够轻松融入
客厅氛围的工作室

在设计 A 先生的工作室时，按照 A 太太"不想让丈夫一进工作室就闭门不出"的要求，把工作室设计在了客厅的旁边。工作室的门和墙柜的门采用一模一样的设计，视觉效果非常统一。

idea 022
将喜欢的
香皂当作装饰

这家的女主人平时喜欢用天然的材料做一些手工香皂，所以就在客厅里摆放了一个玻璃柜，来展示这些香皂。这样既可以当作收纳空间，也可以看作是一种装饰。

idea 023
和客厅墙面
一体化的厕所

紧挨着客厅的厕所尽可能设计得让人忽略其存在。因此，厕所门和壁柜门采用了同样的花纹和材质，使厕所跟室内风格一体化。

从客厅可以直接看到家里的开放式厨房，所以将基本厨房用具都收在了柜子里。厨房的墙上还安装了一块长白板，上面放着一些常用物品和一些精挑细选过的小物件，用作装饰。

idea
025

将台子下的空间用作大容量柜子

这个白色的小台子是搭配原有的餐桌定做的。台子下的抽屉最深可达 40 厘米，非常便于各种小物件的收放和整理。

idea
027

用门挡住视觉「噪声」

idea
026

不想放在台面上的家电全部收起来

烤箱和电饭煲放在了台子下面，底下的板子可以拉出来，这样用的时候拿出来，不用的时候也不会显得杂乱。使用这些电器的时候，只要把它们拉出来，就不用担心蒸汽会闷在台子里面了。

冰箱和碗柜都用一扇拉门遮住，保证了整洁的视觉效果。这个门的设计比较特别，稍微一拉开就会错开一条缝，一旦关上两扇门，便是一个平面。此外，换气扇的线路也藏在这扇门之后。

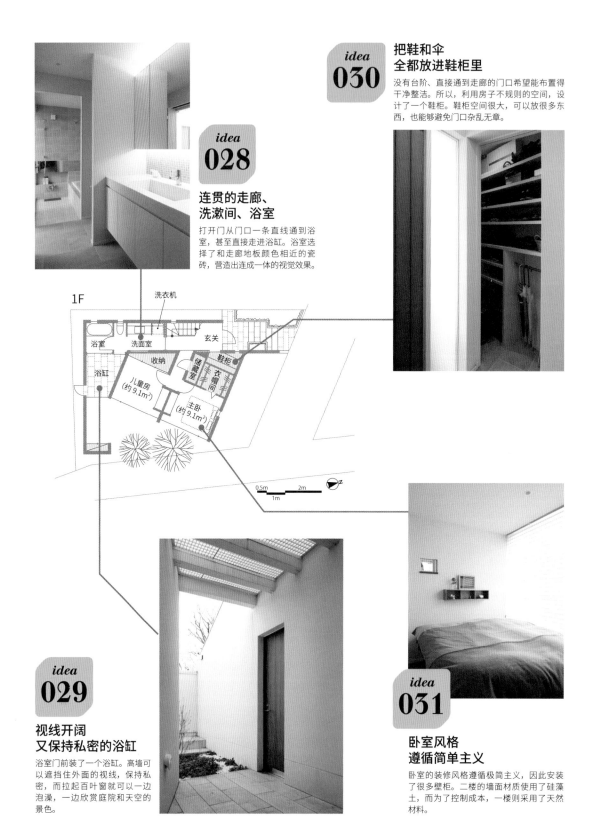

把鞋和伞
全都放进鞋柜里

没有台阶、直接通到走廊的门口希望能布置得干净整洁。所以，利用房子不规则的空间，设计了一个鞋柜。鞋柜空间很大，可以放很多东西，也能够避免门口杂乱无章。

连贯的走廊、
洗漱间、浴室

打开门从门口一条直线通到浴室，甚至直接走进浴缸。浴室选择了和走廊地板颜色相近的瓷砖，营造出连成一体的视觉效果。

1F

洗衣机

浴室　洗面室　玄关

收纳　储藏室　鞋柜

儿童房（约9.1m²）　衣帽间

浴缸　主卧（约9.1m²）

0.5m　2m　1m　Z

视线开阔
又保持私密的浴缸

浴室门前装了一个浴缸。高墙可以遮挡住外面的视线，保持私密，而拉起百叶窗就可以一边泡澡，一边欣赏庭院和天空的景色。

卧室风格
遵循简单主义

卧室的装修风格遵循极简主义，因此安装了很多壁柜。二楼的墙面材质使用了硅藻土，而为了控制成本，一楼则采用了天然材料。

设计师资料

杉浦英一建筑设计事务所
地址：东京都中央区银座 1-28-16 2F
电话：03-3562-0309　传真：03-3562-0204
电子邮箱：info@sugiura-arch.co.jp
主页链接：http://www.sugiura-arch.co.jp

简介

杉浦美智

Michi Sugiura

1957 年生。2013 年起担任杉浦英一建筑设计事务所代表。

idea 032

透视效果的楼梯，让门口更加宽敞明亮

靠墙的楼梯，每一级台阶都是靠铁板支撑。这个仿佛只有台阶浮在空中的设计，可以让楼上的阳光直接照到一楼。铁板上铺了一层厚厚的胶垫，避免脚踩到铁板上那种冰凉的触感。

工作室
（约 3.3m²）

2F

观景阳台

阳台

冰箱

客厅 + 餐厅 + 厨房
（约 33m²）

房屋资料

A 宅所在地：东京
家庭成员：夫妻二人
结构层数：木结构·两层
占地面积：111.58 平方米
总使用面积：88.08 平方米
一楼使用面积：44.49 平方米
二楼使用面积：43.59 平方米
地域类型：第一种低层居住专用地域
该区域建筑密度：40%
容积率：80%
设计期间：2010 年 3 月 -2010 年 12 月
施工期间：2011 年 2 月 -2011 年 10 月
施工单位：本间建设股份有限公司
施工费：约 3340 万日元（约合人民币 203 万元）

建材

外部使用建材
房顶：镀铝锌钢板
外墙：树脂外墙涂料

内部使用建材
客厅、餐厅
地板：橡木单色地板
墙面及房顶：硅藻土
玄关、卫生间
墙面及房顶：硅藻土
地板：瓷砖
卧室
墙面及房顶：硅藻土
地板：橡木单色地板

主要设备及家器用具厂家
厨房设备及用具：林内、Cera
卫浴设备：T-form
照明器具：Ushiospax
烧柴暖炉：SCAN

idea 033

专为赏樱设计的小阳台

idea 034

让做饭变得有趣的暖炉

在建筑师的推荐下，A 先生夫妻俩选择了这款跟家中简洁的装修风格十分相称的北欧风烧柴暖炉。除了可以大大提升室内温度外，还可以用来做饭，而燃烧的火焰也会让人感觉身心放松，可谓一举三得。

家附近有一棵大樱花树。在樱花盛开的季节，从这里看过去的景色美极了，小阳台也是为此设计的。随着季节的变化，在家中可以尽情欣赏到鲜花、绿叶以及红叶等不同的美景。

东京都·S宅

一户建（日式独院住宅）·钢筋水泥结构·三层
家庭成员：夫妻二人＋两个孩子＋两只爱犬
占地面积：282.43平方米
总使用面积：366.11平方米
设计＝芦泽启治建筑设计事务所

摄影＝中村绘　文＝宫崎博子

在光线充足、绿意盎然的日式庭院中招待宾客

边住边改造，越来越爱家

　　这栋钢筋水泥结构的房子选用了格纹作为房顶的图案。朝向庭院的通透客厅里摆放了很多考究的古董，让整个房间更有别具一格的味道。

　　S先生一家人便生活在这个充满自然气息的房子里。S先生是美国人，妻子是日本人，家庭成员还包括两个女儿和两只爱犬。夫妻二人希望自家的庭院好像"京都寺庙里的院子"，所以找到了建筑师芦泽启治，委托他进行设计。S太太说："想从厨房能一眼看到院子里的景色——这是我们当时最想要的。我们一家人在家的所有时间，几乎都是在厨房附近度过的，所以想在厨房附近打造一个家人共享的空间。"

由于夫妻俩担心水泥房顶会有回声，所以芦泽将有凹凸沟槽的吊顶板扣在了水泥房顶上，完美地解决了这个问题。

S先生家位于东京都中心区域。对于顾客提出的要求，芦泽给出了这样的答案：在家中每一层都打造一个日式庭院，所有的空间都与外部相连。这个设计既大气又精致。

盖房子的时候，将房子建在了占地偏东北角的地方，西南侧留出的空地，打造出一个细长形状的庭院。打开特别定做的木窗，庭院就和客厅连为一体了。

在高度超过5.6米的通透客厅里，一边欣赏布置在墙边的艺术品，一边往屋里走，就来到了用作卧室和客房的二楼，精心设计的中庭为楼梯和整个二楼都带来了明亮的阳光。三楼是儿童房及卫浴，连廊和房顶天台相通。整个房子里，无论哪一部分，都非常宽敞明亮。

"我们想摆放些新的装饰品""这种家具该怎么办"，夫妻二人时不时就会向芦泽提出一些自己的想法。

S先生一家人都对这个家充满了爱恋，在居住生活的同时，也不断改造装饰着这个家。在S先生家，为生活带来新鲜感和乐趣的室内装饰，还将一直持续下去。

idea 036

在全家休息的地方，
可以眺望院子里的绿意

女主人在做饭的时候，可以同时欣
赏着院子里的绿意。院子的一角摆
放了一个非常日式的水琴窟，可以
听到潺潺的流水声。就连女主人的
朋友们，看到这个水琴窟的时候也
会惊喜地赞叹道："你家好像日式旅
馆一样！"

在自家房顶仰望
蓝天和大都市的风景

房顶的天台上摆放了室外用家具。S
太太称，开 party 的时候，到了傍
晚他们会拿着前菜上来，一边眺望
美景，一边享受美食。站在这里，
可以将东京的高楼尽收眼底。

精致的中庭，
两边都是卧室

二楼的中庭挨着主卧。在设计之初，
原本打算将另一边的房间当作健身
房，但 S 先生和太太希望到访留宿
的客人能有个好心情，所以就将另
一边的房间用作了客房。

木、漆、水泥等材质搭配，打造一个有品位的家

idea
039

用一扇涂漆的拉门
将空间隔开

据说，整个房子刚装修完的时候，玄关和客厅之间并没有装门。但住进来之后，夫妻俩为了避免客人进门时一眼看到整个客厅，就装了一扇涂上红漆的拉门。

idea 040

爱犬吃饭
的地方在厨房

厨房设计了白色的壁柜。在节省空间的同时，还隐藏了爱犬的"餐桌"。将小桌子拉出来，正好可以放上爱犬吃饭喝水用的盆子。

idea 041

开 party 时
非常方便的大厨房

按照 S 太太提出的要求，厨房设计成了 L 字形，并且在厨房中间多加了一个操作台。此外，厨房里还配置有美国厨具品牌 ViKiNG 的烤炉，以及可以烤整只火鸡的燃气炉。

idea 042

上楼梯时还能欣赏艺术品

由于二楼打造了一个小中庭，所以家里的采光非常好，视野也很开阔。为了能够从正面欣赏客厅墙上装饰的艺术品，特别将楼梯平台做了加长处理。

idea 043

设备齐全的卫浴紧挨卧室

由于卫浴紧挨着主卧，所以从主卧走去洗漱非常方便。墙上安装了 PS 的电暖，还铺设了地暖，即便是冬天，也可以温暖舒适地度过。此外，浴室还安装了顶灯。

2F

- 健身房（约 20.8m²）
- 楼梯井
- 衣帽间
- 浴室
- 洗面室
- 书房
- 衣帽间
- 淋浴室
- 中庭
- 客房（约 16.9m²）
- 主卧（约 21.5m²）

1F

- 储物间
- 客厅（约 28.8m²）
- 车库
- 冰箱
- 厨房（约 27.3m²）
- 起居室（约 20.8m²）
- 玄关
- 餐厅（约 29.1m²）

0.5m 1m 2m

idea 044

用旧家具做成的拉门隔开储物间和厨房

厨房最里面有一个放有洗衣机、烘干机的储物间。这个储物间的拉门是用这家主人旧家的餐桌桌板做的。

idea 045

玄关旁边就是爱犬的"浴缸"

在鞋柜的一角，为爱犬打造了一个护养用的狗浴缸，底下还垫了木板，用来调节高度。

idea 046

将木质浮雕
镶嵌在门上

客房入口处的壁柜门上嵌有
一块雕刻有图案的木质浮雕。
这是一家人去非洲旅游时，在
摩洛哥购买的。

ROOF

屋顶天台

3F

淋浴室

按摩浴缸

儿童房
（约 15.7m²）

衣帽间

观景阳台

衣帽间

儿童房
（约 17.7m²）

idea 047

用喜欢的家具
装扮孩子的房间

S 先生的二女儿现在在美国读大
学。她的房间里，个性的地毯、橘
色的沙发给人非常现代的感觉。墙
上内嵌了比利时知名灯具制造商
Modular 公司生产的 LED 照明灯。

设计师资料

芦泽启治建筑设计事务所
地址：东京都文京区小石川 2-17-15 1F
电话：03-5689-5597　传真：03-5689-5598
电子邮箱：info@keijidesign.com
主页链接：http://www.keijidesign.com/

简介

芦泽启治

Ashizawa Keiji

1973 年生于东京。曾在设计事务所和
小五金工作室工作，2005 年开设了芦
泽启治建筑设计事务所。

房屋资料

S 宅所在地：东京
家庭成员：夫妻二人 + 两个孩子 + 两只爱犬
结构层数：钢筋水泥结构·三层 + 房顶天台
占地面积：282.43 平方米
总使用面积：366.11 平方米
一楼使用面积：165.28 平方米（含车库）
二楼使用面积：123.90 平方米
三楼使用面积：76.93 平方米
地域类型：第一种低层居住专用地域
该区域建筑密度：59.9%（许可上限为 60%）
容积率：121.04%（许可上限为 150%）
设计期间：2009 年 7 月 -2010 年 3 月
施工期间：2010 年 3 月 -2011 年 1 月
施工单位：松本公司

建材

外部使用建材
房顶：水泥外墙保温板、不锈钢板
外墙：水泥外墙保温板、重蚁木、灰浆

内部使用建材
客厅、餐厅、厨房
地板：黑胡桃木地板
墙面：灰泥
房顶：吊顶板

主要设备及家用器具厂家
定制厨房：plots
厨房电器：ASKO、GAGGENAU、VIKING
卫浴设备：JAXSON、TOTO、汉斯格雅
照明器具：小泉产业、大光电机、Modular
地暖系统：东京燃气

神奈川县·K宅

一户建（日式独院住宅）·木结构·三层
家庭成员：夫妻二人
占地面积：169.99 平方米
总使用面积：145.83 平方米
设计＝彦根建筑设计事务所

摄影＝中村绘 文＝松川绘里

风景极佳的客厅，
让夫妻俩的生活更有情趣

三楼的客厅左手边有一个宽敞的露台，能眺望到富士山，风景绝佳。如果把整个窗户打开，室内外就仿佛连为一体。

在自然风格的家装和目酣神醉的风景中安静地度过每一天

珍惜每一分每一秒的二人时光，感受充实的每一天

"现在，孩子们已经独立，所以我们想要一个夫妻二人可以平静生活的家。"K先生夫妻俩想到今后的老年生活，决定选择很有度假氛围的湘南地区作为新家地点。

K太太称，在设计新家时赶上了日本"3·11"大地震。因为这场突如其来的大地震，新家的设计理念也整个改变了。"最开始，我和我丈夫都觉得比起方便，美观更重要。但那场地震改变了我们的想法，现在我们觉得一个家最重要的应该是安全性。"因此，家里的柜子等收纳用家具全部都固定在墙上。为了让房子既舒适又节能，整体采用了隔热性能很高的设计方案，家中所有窗户都使用了具有良好隔热效果的三层玻璃。此外，供暖系统选择了地暖，房顶还安装了五千瓦的太阳能电池板。

能眺望到富士山的顶楼用作了客厅、餐厅和厨

房。K 太太表示，以前的房子里有一个很大的独立厨房，"但考虑到比起招待宾客，今后我们夫妻俩在家的时间更长，所以觉得将客厅和餐厅放在一起比较好。我们希望能够坐在客厅里欣赏外面的美景，这个愿望可以实现，真的太开心了，这让我们每天都能有好心情。"

虽然一般三层的房子很容易失去整体感，但设计在房子中央的楼梯井很好地连接了每一层。二楼的卧室有两个门可以出入，卧室和卫浴之间也是平坦的地板，走来走去完全不受拘束，这一点深受夫妻俩好评。

设计师彦根·安荣莉亚说："我听说 K 先生夫妻俩为了追求居住环境的舒适，专门将新家选在了这里，所以觉得他们追求的是家中宽敞的感觉。考虑到夫妻二人是为了在这个家度过晚年生活，所以家中不能出现太多障碍物，这自不用多说。而且，怎样才能让他们过得更舒服自在也很重要。因此，我在设计的时候，将家中的每一块区域都设计得很宽敞，非常便于活动。"

连接上下
三层的楼梯

这个楼梯连接了家中的上下
三层。这个设计利于空气和
阳光的流通，令家中明亮清
爽。家中安装了地暖，即便
是冬天，没有铺地板的玄关
处也不会觉得寒冷。

idea 050

电脑桌仅在想要的时候"登场"

在客厅的壁柜中还留出了一部分空间用作电脑桌，但关上门以后就看不见这个电脑桌了，这也使得家中看起来很整洁。电脑桌上方的木条框里面是空调。

idea 051

用窗框营造舒适温暖的环境

为了减少大面玻璃给室内温度带来的不利影响，设计师选用了三层玻璃的窗扇。如果想室内外更通透，所有大窗户都能收起来。

idea 053

为来客准备客房

一楼的房间用作孩子们过来看父母时的客房。水泥地板上铺了地毯，令整个房间看起来很温馨。这里也是女主人非常喜欢的地方。

idea 054

打造一个宽敞的楼顶天台

从楼顶的天台可以远眺富士山，这里也用作家里的第二个客厅。此外，楼顶还安装了一个五千瓦的太阳能电池板。

idea 052

像长凳一样的鞋柜，想怎么用就怎么用

这个像长凳一样的鞋柜，是彦根·安茱莉亚专门配合整个空间设计的。因为采用了抽屉式的鞋柜，所以即便将鞋放在抽屉最里面也毫不费事，取出来也很简单方便。

idea 055

活动范围以楼梯为中心

房子的中央是楼梯，楼梯和墙面距离有1.2米宽，在家中走来走去的时候完全不受拘束。

idea 056

楼梯也是
房间的一部分

为了让整个房子风格看起来
和谐统一，楼梯也成为了客
厅的一部分，这也能让房间
更宽敞。

idea 057

像美术馆一样的玄关

一楼全部是水泥地板。设计玄关的前提是，一
定要能够放下 K 先生夫妇非常喜欢的装饰架。
架子上摆放了 K 先生夫妇收集的陶器作为装饰，
让玄关看起来像美术馆一样有艺术气息。

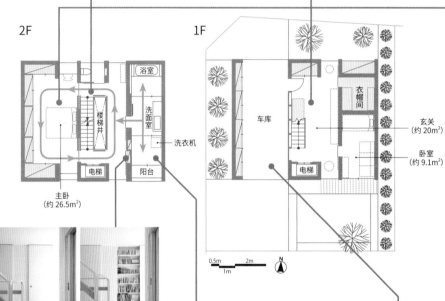

2F

主卧
（约 26.5m²）

电梯　阳台
洗衣机
洗面室
浴室
楼梯井

1F

车库
衣帽间
玄关
（约 20m²）
卧室
（约 9.1m²）
电梯

0.5m　1m　2m　N

idea 058

为防地震，
书柜安装在走廊

书柜固定在了走廊的墙壁上。这样一来，地震
时即使书掉下来也几乎不用担心会砸到，合
上拉门就更放心了。拉门的颜色跟墙保持一
致，拉上以后视觉上干净整洁了不少。

idea 059

宽敞明亮的卫浴

洗面台和更衣室的空间很宽
敞，而且直接连着洗衣房。
为了能在室内晾衣服，墙上
还安装了晾衣杆。房顶则选
用了抗潮能力极强的桧木
材质。

idea 060

可以保护
爱车不受潮的车库

由于房子靠海，为了保护爱车不
受潮，车库跟房子设计成了一
体。车库的墙壁上还做了收纳
柜，里面放着很多户外用品等
杂物。

idea
061

可以从两边
出去的卧室

宽敞的卧室有两个出入口。卧室的两头分别打造了一套书桌和架子，当作夫妻二人各自的书房。地板则铺了有极强吸湿性的桐木。

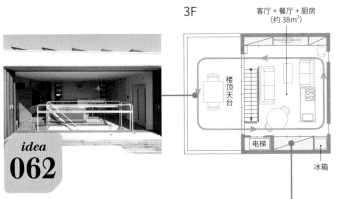

3F

客厅 + 餐厅 + 厨房
（约 38m²）

楼顶天台

电梯

冰箱

idea
062

阳台宽敞，
行动自如

三楼有足够的活动空间，包括阳台在内。不论在哪一边，来回走动都很方便。很多人来家里开 party 的时候，因为空间够大，所以也很方便。

idea
063

一扇门挡住厨房，
让空间更整洁

由于厨房和客厅是一体的，所以设计师在橱柜的外面设计了一扇拉门。简单大方的空间，衬托得厨房似乎只是一件家具。

设计师资料

彦根建筑设计事务所
地址：东京都世田谷区成城 7-5-3
电话：03-5429-0333　传真：03-5429-0335
电子邮箱：aha@a-h-ARCHITECTS.com
主页链接：http://www.a-h-ARCHITECTS.com

简介

彦根·安茱莉亚

Andrea Hikone
生于德国，1987 年以首席毕业生的身份毕业于斯图加特大学。曾在青岛建筑设计事务所和矶崎新工作室工作，1990 年创设彦根建筑设计事务所。

房屋资料

K 宅所在地：神奈川县
家庭成员：夫妻二人
结构层数：木结构·三层
占地面积：169.99 平方米
总使用面积：145.83 平方米（不包括停车场）
一楼使用面积：66.24 平方米
二楼使用面积：63.03 平方米
三楼使用面积：39.74 平方米
地域类型：第一种中高层居住专用地域
该区域建筑密度：60%　容积率：200%
设计期间：2011 年 2 月 -2011 年 11 月
施工期间：2011 年 11 月 -2012 年 6 月
构造设计：NCN 公司
施工单位：渡边技研

建材

外部使用建材
房顶：防水层
外墙：树脂混凝土

内部使用建材
玄关
地板：水泥
墙面：扇贝粉涂料
房顶：扇贝粉涂料
客厅、餐厅、厨房
地板：松木地板
墙面：扇贝粉涂料
房顶：扇贝粉涂料
卧室
地板：桐木地板
墙面：扇贝粉涂料
房顶：扇贝粉涂料
洗面室、浴室、卫生间
地板：水泥
墙面：马赛克瓷砖
房顶：桧木

主要设备及家用器具厂家
定制厨房：TIDEA
厨房设备、电器：德国美诺 Miele、INAX（LIXIL）
卫浴设备：T-form、Hansgrohe、INAX（LIXIL）、CERA TRADING、三荣水栓
照明器具：远藤照明、小泉照明、ODELIC、Panasonic、MAXRAY
窗饰：荷兰亨特、Nanic

东京都・三轮宅

一户建（日式独院住宅）・钢筋混凝土＋
木结构・两层＋地下一层
家庭成员：夫妻二人＋两个孩子
占地面积：108.81 平方米
总使用面积：123.70 平方米
设计＝ Niko 设计室

摄影＝水谷绫子　文＝松林裕美

在宽敞的房间里，
感受四季的轮换

为了让房间和相邻的绿地保持统一风格，室内也大量使用了木材。地上铺了栎木地板，沙发为法国家具厂商 Ligne Roset 的 TOGO 系列。房顶上的放射状横梁，让人感觉像是置身于大树底下。

窗外郁郁葱葱的绿色
将餐厅也点缀一番

　　三轮先生一家住在东京都中心的安静街区。小路尽头像旗帜一样的占地就是三轮家，两面都朝向东京都管理的生产绿地，看起来郁郁葱葱，不像大都市。但是，那两块绿地高出地面 1.4 米，以前一楼总是暗暗的。设计师西久保将整个房子的高度提升至和绿地

持平，这样一来那两块绿地看上去就像自家的院子一般。从客厅的大窗户看出去，绿意盎然，好不惬意。

　　为了能够充分享受每一餐饭和开 party 的时光，这个尽是绿色的客厅和餐厅里充满了创意巧思，其中之一就是和厨房相对的"榻榻米餐厅"。这个榻榻米座椅非常重视舒适度，即使好几个成年人聚在一起也坐得开。此外，厨房的料理台和餐桌做成了一体，可以一边做饭一边聊天，非常适合开 party。三轮夫妻经

常在家里招待亲朋好友，大人孩子都能在这里度过愉快的时光。

　　支撑起这个开放式客厅、餐厅的，是合理的收纳和移动空间。榻榻米座椅下面和壁柜里都可以收纳很多东西，厨房的尽头则是与玄关相连的食品储藏间，回到家就可以将买的东西放进去。三轮太太说："有了这个食品储藏间，收拾客厅和餐厅的时候变得轻松多了。"

　　对于很重视跟亲朋好友共度美好时光的夫妻俩来说，这是一个理想的家。

idea
065

合理的收纳和移动路线，
保证开放式客厅的整洁美观

使用琉球榻榻米打造的榻榻米座椅令厨房和餐厅融为一体。在享受美食的同时，还能充分感受一家人围坐在一起的幸福感。餐厅的墙壁和天花板抹了水泥，通过添加间接照明设备，让厚重的天花板看起来轻盈得像是浮在空中。

idea 066

可以一边泡澡，一边欣赏窗外景色

idea 067

玻璃天窗让浴室像露天温泉一样

浴室的天花板全部使用了玻璃，令整个空间看起来非常宽敞。这个设计能让阳光直射进来，同时还能仰望蓝天，人仿佛置身于户外。现在，即便是在家中泡澡，也能拥有泡露天温泉一般的感受呢。

因为想要在泡澡的时候欣赏隔壁托儿所里的樱花，所以将浴室设计在了二楼。浴室的设计是从三轮先生非常喜欢的和歌山县的洞窟风吕"忘归洞"撷取的灵感，整个浴室都铺上了瓷砖。

这个阳台环绕浴室一周，平时女主人都在这里晾晒衣服。因为浴室旁边还有一个洗面室，所以干家务活的时候也很顺手。照片中的楼梯可以直接通往楼顶。

idea 068

二楼阳台也能晾晒衣服

idea 069

以精挑细选的颜色打造个性空间

二楼的厕所按照三轮先生的要求刷成了紫色。涂料中混有石英，涂上之后整个墙面闪闪亮亮，但质感较为粗糙。洗手台上方有一盏小小的灯，衬托出整个空间的独特个性。

idea 070

方便美观、设计简单大方的装饰

洗面室使用了较多的木材进行装修，简洁大方又不失温馨舒适。房间北侧的房顶虽然是倾斜的，但通过木质天花板的点缀，反而成为了整个房间的亮点。

紧凑合理的活动空间，
减轻家务活的压力

厨房的灶台下放着洗碗机，和碗柜的距离只有98厘米，收拾碗筷的时候只要一拉一收，就可以轻松搞定。减轻家务活负担的贴心设计，可是给三轮太太帮了大忙。

开放式设计中
必备的充足收纳空间

为了让开放式厨房保持整洁，灶台上下设计了很多用于收纳的橱柜。把锅碗瓢盆之类的全部收在柜子里，就不会显得杂乱无章。厨房尽头还有一个食品储藏间，完全不用担心东西没地方放。名古屋马赛克工业公司生产的浅蓝色瓷砖为厨房起到了很好的增色作用。

idea
073

想立刻就学起来
的刀叉筷勺收纳法

设计师将餐桌的一角设计成了放刀叉筷勺的抽屉。吃饭时候随用随拿，非常方便合理。

idea
075

可以随意组装、
摆放的榻榻米座椅

围绕餐桌的这套榻榻米座椅中，最外侧的四个座椅都可以随意挪动。如果来访的客人较多，就可以根据需要放到其他位置。灵活的设计也有助于更自由地利用空间。

idea
074

充分利用榻榻米
座椅下的空间

榻榻米座椅下面是小抽屉，三轮先生和太太将电脑等日常用品都放在了这里面。这个设计既保证了充足的收纳空间，又便于收拾打理。

idea 076

可以当作小院子的木质露台

设计师西久保将一楼的高度提升到和旁边的生产绿地持平，保证了良好的视野。这个木质的露台虽然面积不大，但却可以让三轮先生一家在家中尽享绿色的美景。

idea 077

运用考究的颜色和家装，打造以海底为设计灵感的卧室

三轮先生爱好深潜，所以设计师西久保按照他的要求，设计了这个海底世界般的卧室。天花板是深蓝色，墙壁则是在水泥墙上贴了针叶树胶合板，打造出品位和质感。此外，地上铺的是橡木单色地板。

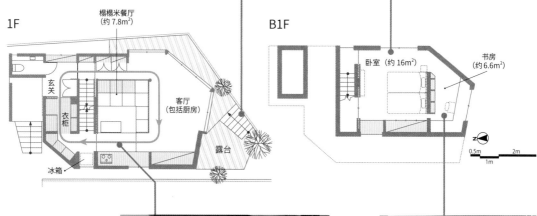

1F

榻榻米餐厅（约 7.8m²）

玄关

衣柜

客厅（包括厨房）

露台

冰箱

B1F

卧室（约 16m²）

书房（约 6.6m²）

0.5m　　1m　　2m

idea 078

通畅的玄关让空间看起来更宽敞

这张照片是从有榻榻米座椅的餐厅拍的门口。一楼的玄关和餐厅客厅之间没有墙壁或门阻隔，所以看起来比实际面积更大。照片左手边的门，便是和厨房相通的食品储藏间。

idea 079

令人专注做事情的书房

在卧室多加了一面墙，隔出来的空间用作三轮先生的书房。虽然空间较狭小，但因为桌子和书柜都是专门设计定做的，所以其实非常实用。在这里，三轮先生可以专心致志地做自己想做的事情。

设计师资料

Niko 设计室
地址：东京都杉并区上荻 1-16-3 森谷大厦 5F
电话 / 传真：03-3220-9337
电子邮箱：niko@niko-arch.com
主页链接：http://www. niko-arch.com

简介

西久保毅人
Taketo Nishikubo
1973 年生。明治大学理工学部建筑学
系本科、研究生毕业。曾在象设计集
团任职，2001 年成立 Niko 设计室。

房屋资料

三轮宅所在地：东京都
家庭成员：夫妻二人 + 两个孩子
结构层数：钢筋混凝土 + 木结构·两层 + 地下一层
占地面积：108.81 平方米
总使用面积：123.70 平方米
地下室使用面积：29.91 平方米
一楼使用面积：49.52 平方米
二楼使用面积：45.18 平方米
地域类型：第一种低层居住专用地域
该区域建筑密度：49.87%
容积率：87.03%
设计期间：2011 年 4 月 -2011 年 11 月
施工期间：2011 年 11 月 -2012 年 7 月
施工单位：匠阳

建材

外部使用建材
房顶：铝锌合金镀层钢板
外墙：树脂混凝土、混凝土抛光

内部使用建材
客厅
地板：橡木单色地板 + 油性涂料
墙面：水曲柳胶合板 + 油性涂料
房顶：松木胶合板 + 油性涂料、一部分装饰用横
梁 + 油性涂料
榻榻米餐厅
地板：琉球榻榻米 + 一部分橡木单色地板 + 油性
涂料
墙面：乳胶漆、抹灰效果
房顶：抹灰
厨房
地板：玄昌石地板砖
墙面：瓷砖
房顶：乳胶漆、一部分装饰用横梁 + 油性涂料

主要设备及家用器具厂家
厨房设备、电器：松冈制作所、东京煤气公司
卫浴设备：主要为 TOTO
照明器具：MAXRAY、远藤照明等

---

idea 080

走廊中安装衣橱，充分利用空间

为了更有效地利用空间，走廊内安装了
衣橱，并留出了一部分空间用于更衣。
衣橱内还安了一面推拉式的试衣镜。这
个走廊和露台相连，只要打开门，就能
起到防潮的作用。

2F

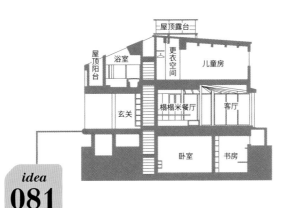

idea 081

将一楼的地面高度提升，保证良好的视野

由于家旁边有两块 1.4 米高的生产绿
地，所以之前家中的采光和视野并不
是很好。设计师西久保通过将房子的
地基提高这个办法，既保证了采光和
视野，也让旁边的生产绿地看起来像
是自家的小院子。

part

2

idea

082-211

客厅、餐厅，
打造每一个创意空间

东京都 · T 宅

一户建（日式独院住宅）· SE 工法
（安全工程建造方法）· 两层 + 地下一层
家庭成员：夫妻二人
占地面积：98.13 平方米
总使用面积：97.58 平方米
设计＝彦根建筑设计事务所

摄影＝水谷绫子　文＝森圣加

追求美景、讲究选材，
打造舒适精致的小家

客厅和餐厅打造得像度假别墅一般

在家里待着就仿佛置身于度假别墅之中，窗外郁郁葱葱，分外清新。透过窗户看向客厅的西南角一侧，便能看到外面绿树环绕的小路，据说这家的主人就是为了这个美景才决定买这栋房子的。

T先生是一名摄影家，而T太太则是一名美术印刷设计师。T先生说："因为我们夫妻俩的工作基本都是待在家里完成，所以我们想将家里装修得非常宽敞舒适。"

占地面积约有98平方米，但因为地皮的形状不是很方正，所以二楼的面积只有约40平方米。为了不让人感觉到实际面积的狭小，这个家中充满了设计师彦根明的巧妙心思。

其中之一便是和客厅、餐厅相连的二楼露台。露台和室内之间没有台阶，平面高度保持一致，并提升了挑高，使室内的空间看起来大了不少。地板选用了胡桃木，天花板则选用了杉木。之所以选用木板材质进行装修，也是为了令室内和室外的风格保持一致，同时提高舒适度，这也是T先生夫妻俩对设计师提出的要求。每天回到家中，看着窗外绿油油的景色，夫妻俩觉得身心都得到了放松和治愈。

爬上螺旋楼梯就来到了位于二楼的客厅和餐厅。餐厅面向着二楼的露台，对面就是摆着沙发的客厅。面积虽然不大，但巧妙的设计让空间得到了充分利用。

idea
083

**建造地下室，
保证每一个房间的面积**

设计之初并没有打算建地下室，还要保证现有的房间数，并将浴室放在二楼。此前的设计中出现的空间不够的问题，都通过建造地下室解决了。设计师彦根说："只要满足建筑要求而且不会出现漏水的问题的话，还是有余地建造地下室的。"

idea
084

注重实用性和美观的厨房

二楼天花板不能加高的部分用作了厨房。虽然二楼整体都是木质风格，但考虑到实用性和美观，厨房操作台的台面都选用了不锈钢，其他台面仍延续了木质风格，木材的花纹则选用了竖纹。

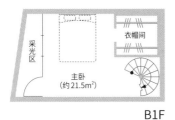

采光区

衣帽间

主卧
（约21.5m²）

B1F

阳台

浴室

预备室
（约8.3m²）

洗衣机

洗面室

书房

玄关

1F

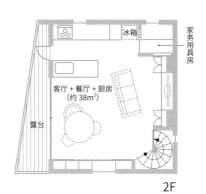

冰箱

家务用具房

客厅＋餐厅＋厨房
（约38m²）

露台

2F

idea
085

多功能的圆桌

这张直径 107 厘米的桌子出
自美国著名建筑师埃罗·沙
里宁之手，是其著名的郁金
香系列作品，人多人少都能
用。桌子只有一根桌脚，既
增加了使用的自由度，又大
大节省了空间。

T 宅小发现

装修
亮点
大盘点

idea
086

养眼的天花板，
光脚也很舒服的地板

T 先生家中的舒适感可以通过五感来品味。地板全部为美国黑胡桃木，房顶贴的是杉木板，真实的木材感看起来很舒服，也大大提升了室内的温馨感。

idea
087

进深只有 12 厘米，
将壁龛打造成书架

客厅北边的角落有一个小小的空间，这个空间用作食品储藏间和杂物间。而墙壁的右边，这个进深只有 12 厘米的壁龛，则利用成了书架。

idea
088

可以放 1000 张
CD 的定做橱柜

对于 T 先生来说，最享受的事情莫过于坐在沙发上欣赏喜爱的音乐。由于 T 先生收藏了 1000 张以上的 CD，所以专门定做了这个橱柜。通过选用不同材质的木板，突出了客厅的视觉效果。

idea
089

柜门和墙
融为一体

这两扇门乍看上去会以为仅仅只是一面白墙，但拉开门，里面是 T 太太的办公桌。设计师彦根说："在窄小的空间内，把手等突出的小玩意儿会降低房间的宽敞度。减少房间内的突起物，看起来也更整洁。"

idea 090

用可以调节明暗的照明设备转换心情

除了安装在墙壁上的灯以外，还有客厅的吊灯和厨房顶上的小聚光灯。二楼根据地方不同，还安装了各种可以调节明暗的照明设备。只要调一调光线，就能随时转换心情。

idea 091

连接室内室外的露台

露台的地板高度和室内地板保持一致，提升了室内外的连续性。推拉式的大玻璃窗选用了木质窗框，无遮挡的设计令人感觉家里宽敞了不少。

idea 092

灵活的吧台，节省空间又实用

在有限的空间内，为了打造一个开放式厨房，设计师彦根尽可能将操作台设计得小巧又实用。操作台侧面有一块活动板，只要抬出来，就能当吧台使用。

Living & Dining Room

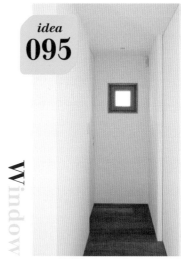

idea **095**

Window

窗户

一楼走廊尽头的墙上有一扇小窗户，选用的木质窗框看起来像画框一样，乍一看以为挂了一幅画在那边。在楼梯间的墙面上，还有几扇同样的小窗户。设计师彦根说："每天都能看到的这些窗户，虽然小但却能大大改善室内整体的氛围。"

idea **093**

卧室

[idea093] 家中的主卧设在地下。女主人说："阳光从采光区射进屋内，每天早晨我们都是伴着晨光醒来。"抹茶色的墙壁一直通到采光区，随着阳光的变化，屋内的氛围也会发生变化。这面抹茶色的墙壁，一直连到楼梯间。

[idea094] 位于主卧中的衣帽间的内侧采用了防潮性能很好的桐木。

Bedroom

idea **094**

Bathroom

idea **097**

浴室

以黑瓷砖为基调的浴室很别致。浴室和洗面室的天花板全部采用榉木板材，设计师彦根解释道："虽然有人担心在浴室使用木材进行装修会发霉，但只要能够保证良好的换气通风，就完全没有问题。而且木材还可以帮助室内调节湿度，所以其实非常实用。"

Stairs

idea **096**

楼梯

从地下的主卧到二楼靠这个螺旋楼梯连接，楼梯扶手细细的曲线令人印象深刻。楼梯间的抹茶色墙面与主卧相连，有一束顶光从楼梯间照射下来，整个楼梯都不会显得昏暗。墙上的小窗户不仅仅是为了通风，还起到了点缀的作用。

设计师资料

彦根建筑设计事务所
地址：东京都世田谷区成城 7-5-3
电话：03-5429-0333
传真：03-5429-0335
电子邮箱：aha@a-h-ARCHITECTS.com
主页链接：http://www.a-h-ARCHITECTS.com

简介

彦根明

Akira Hikone
1962 年生。东京艺术大学建筑系本科
及研究生毕业。曾在矶崎新工作室工
作，1990 年成立彦根建筑设计事务所。

房屋资料

T 宅所在地：东京都
家庭成员：夫妻二人
结构层数：SE 工法（安全工程建造方法）·两层 +
地下一层
占地面积：98.13 平方米
总使用面积：97.58 平方米
一楼使用面积：35.26 平方米
二楼使用面积：39.21 平方米
地下使用面积：23.11 平方米
地域类型：第一种低层居住专用地域
该区域建筑密度：39.95%
容积率：75.89%
设计期间：2010 年 4 月 -2011 年 8 月
施工期间：2011 年 9 月 -2012 年 4 月
施工单位：渡边技建株式会社
总施工费：4500 万日元（含设计费，约合人民币
275 万元）

建材

内部使用建材
客厅、餐厅、厨房
地板：美国黑胡桃木 + 蜜蜡
墙面：石膏板 + 扇贝粉涂料
房顶：杉木板 + 油性涂料

主要设备及家用器具厂家
厨房：定做
厨房设备、电器：德国美诺 Miele
卫浴设备：TOTO、GROHE、Tform
照明器具：ODELIC、小泉照明、MAXRAY、
YAMAGIWA、远藤照明
供暖系统：蓄热式电暖（Olsberg）

idea 098

Entrance
玄关

[idea098] 玄关宽敞明亮，其中一
面墙贴上了一整面镜子，让空间
看起来大了一倍。
[idea099] 隔开玄关和楼梯间的墙
经过改造做成了鞋柜。设计师彦
根介绍说："仅仅是将鞋柜隐藏起
来，就能让人感觉房间的面积变
大了。"

idea 099

Study Room

idea 100

书房

将来打算用作儿童房的一楼书
房，现在 T 先生经常在里面
做一些自己喜欢的事情。这
个书房面积只有大概 2.5 平方
米，沿着两面墙做了 L 字形的
桌板和书架，空间虽小，但全
部利用了起来。

东京都·S宅

一户建（日式独院住宅）·木结构·两层
家庭成员：夫妻二人＋一个孩子
占地面积：135.52 平方米
总使用面积：114.48 平方米
设计＝直井建筑设计事务所

摄影＝水谷绫子 文＝宫崎博子

足够的收纳空间，
让做家务活和生活都成为享受

充足的收纳空间，
随时都能让家里干干净净

　　S 先生一家几乎每周都会往返于东京都内的家和山中的别墅之间。一家人兴趣广泛，经常外出，在家的时间并不是很多。借着重新装修房子的机会，女主人提出，希望可以将家里布置得更利于做家务。

　　喜欢大气风格的 S 先生一家委托了直井克敏和直井德子负责设计。女主人很想愉快地享受每天的用餐时光，为此收藏了很多碗盘，因此要求设计的时候一定要便于收拾和整理。

　　二楼是 S 一家人在家时的主要活动空间，楼梯两侧分别是可以让孩子尽情玩耍的榻榻米客厅和餐厅，以书柜隔开，这样就不会显得太突兀了。

　　此外，厨房和餐厅靠墙处还有很多柜子，方便搁放日常用品和心仪的日式餐具。每周从山中的别墅回到东京都内的家中时，也能立刻收拾好行李。S 太太满意地说："在餐厅待着的时候，可以一直看到客厅或者室外，心情也会变好。"看得出来，S 先生一家因为便利的收纳设计而得到了理想中的家。

idea 102

打造一个全家共享的工作学习空间

餐厅的尽头是书房，书房里的桌子和书架都是定做的，椅子则选用了丹麦设计师阿恩·雅克布森的"7号椅"（Seven Chair）系列。

idea 104

能够一边喝咖啡，一边眺望室外风景的治愈空间

由于餐厅跟厨房并排，而不是在其对面，所以对面空间就节省了出来。这个空间采光很好，被用作了"阳光房"，再放上一套桌椅，立刻提升了治愈度。S先生和太太很享受在这里一边喝咖啡，一边看着室外景色的时光。

idea 103

在铁板墙上用吸铁石吸住美好回忆

一部分墙壁上贴了铁板，这样一来就能用吸铁石固定住充满回忆的照片，或是孩子的画作了。

采光良好的楼梯
让爬楼也成为乐趣

这张照片是S先生太太的儿子在欢快地上楼时拍的。由于楼梯的踏板之间没有立板，所以不会妨碍采光。楼梯左边的墙是连接一楼和二楼的收纳间，爬上楼梯就来到了明亮的餐厅。

idea
106

在玄关附近的
走廊打造收纳空间

楼梯附近设计了很多收纳空间，从玄关看进来整个房间非常整洁。柜子分为开放式书柜和带拉门的立柜两种。

1F

2F

idea
107

做家务的同时
还能欣赏室外的风景

为了做家务时能有个好心情，S太太提出希望设计中能够融入大自然的元素，为此设计师将厨房设计在了正对太阳房和院子的地方。此外，在一楼的浴室里还能透过太阳房看到院子里的树。现在，S太太在做饭或打扫的时候，都能拥有愉悦的心情。

idea 109

**客厅拉门让
空间利用更灵活**

榻榻米客厅和餐厅之间用一扇大大的拉门隔开。拉门平时一直开着，来客人的时候一关，就变成了独立客厅。

idea 108

**让室外成为
室内的一部分**

设计师直井克敏说："我设计了一个室内露台。虽然是在室内，但看起来仿佛在室外一样。如此一来，虽然是在居民区，但依然能感受到大自然的气氛。"此外，玄关也设计得开阔敞亮，让阳光和室外的风景都成为室内的一部分。

idea 110

**配合木质家具色调
的黑色椅垫**

木质房顶、橡木地板、木质柜子等，S先生家里运用了大量木材进行装修，而让整个家显得现代时尚的重点，便是配合木质家具色调的白色墙壁。黑色的椅垫，则是点睛之笔。

idea 111

**室内墙的粉刷材料，
与外墙体保持一致**

玄关墙面所使用的粉刷材料和外墙体是一样的，这种模糊的联系保持了家装风格的统一。

Living &
Dining Room

符合日式
风格的收纳空间

S 太太称，以前家里铺的都是榻榻米，儿子很想要一个和室。这间榻榻米客厅除了用来招待宾客外，一家人也可以随心所欲地在里面做各种事情。容易让房间看起来杂乱的空调、电视、录像机等都用定做的壁橱遮挡了起来。

idea
112

idea
113

配合装修风格，
选择简洁的照明设备

家里装修的选材和家具多为木质，为了配合清新自然的家装风格，特别选取了丹麦设计师阿恩·雅克布森设计的这盏吊灯。设计师直井德子说："这盏灯款式简单大方，还有大小不同的型号，可以根据房间的面积选购。"

idea
114

用较低的
书柜分隔空间

无论是待在客厅还是餐厅，都能很快静下心来，这是因为有这个书柜遮住了视线。即使在客厅打滚，从餐厅也看不到，而且书柜高度只有 1.2 米，不会感觉太突兀。

S 宅小发现

装修
亮点
大盘点

idea
115

餐厅收纳柜尽头
的迷你洗面台

餐厅尽头是一个小小的洗面台。回家上二楼就可以在这里洗手了，不用再跑到厨房的洗水池。此外，吃完饭来这边刷牙也非常方便，有利于养成良好的习惯。

idea
116

便于放置日常用品
的透明整理箱

餐厅靠窗的收纳柜右半部分用来放置电熨斗和其他做手工的工具。女主人将这些日常用品分门别类地放在透明整理箱内，既容易找到又便于拿放。

idea
118

idea
117

厨房

[idea117] 厨房灶台的后面窗边的空间被打造成了柜子，柜门平时开着，里面放置小家电，还能当操作台来使用。

[idea118] 和阳光房正对着的厨房总是很明亮。为了让日常的家务活更省力高效，特别安装了 60 厘米宽的德国美诺（Miele）牌洗碗机和哈曼（HARMAN）牌燃气烤箱。

Kitchen

idea
119

S 宅之所以总能保持干净整洁，妙招就是什么东西在哪里使用，就在哪里设计收纳空间。餐厅的窗边按照整体装修风格定做了一个碗橱，打开碗橱门，一眼就能看到想要用的碗盘。

Bedroom

idea
120

卧室

进深较长的卧室原本是一个整体的空间，但设计师在中间加了一面墙，两边各放了一张床。这样做是为了夫妻二人在睡前看书或听音乐时，能够互不干扰。

idea
121

idea
122

Toilet & Bathroom

洗手间、浴室

[idea121] 时尚又方便使用的洗面台是专门定做的。

[idea122] 浴室脱换衣服的地方安装了日本 PS 公司的电暖，这样冬天不会觉得冷，把湿毛巾搭在上面很快就干。浴室的天花板，选用的是桧木板材。

Entrance

idea
123

玄关

[idea123] 整个大门口到玄关的木地板都没有铺设台阶，木地板的板材则选用了坚硬抗老化性能高的铁木。

[idea124] 玄关处的楼梯井是这家小主人最喜爱的游乐场。他经常从走廊的柜子里拿出蹦床，搬到这里玩。

idea
124

设计师资料

直井建筑设计事务所
地址：东京都千代田区神田骏河台 3-1-9 2F-A
电话：03-6273-7967
传真：03-6273-7968
电子邮箱：contact@naoi-a.com
主页链接：http://www.naoi-a.com

简介

直井克敏 + 直井德子
Katsutoshi Naoi，1973 年生。
Noriko Naoi，1972 年生。
夫妻二人都曾在设计事务所工作，2001年共同创办直井建筑设计事务所。

房屋资料

S 宅所在地：东京都
家庭成员：夫妻二人 + 一个孩子
结构层数：木结构·两层
占地面积：135.52 平方米
总使用面积：114.48 平方米
一楼使用面积：56.31 平方米
二楼使用面积：58.17 平方米
地域类型：第一种低层居住专用地域
该区域建筑密度：46.74%
容积率：84.47%
设计期间：2010 年 10 月 -2011 年 5 月
施工期间：2011 年 6 月 -2011 年 11 月
施工单位：荣港建筑
中介公司：The House

建材

内部使用建材
客厅
地板：无边榻榻米
墙面、房顶：石膏板 + 贴纸、纯天然植物性墙漆
餐厅
地板：橡木地板、德国欧诗木（Osmo）木蜡油
墙面、房顶：石膏板 + 贴纸、纯天然植物性墙漆

主要设备及家用器具厂家
厨房：MOHLY GROUP
厨房设备、电器：德国 Miele、HARMAN
卫浴设备：LIXIL、TOTO、大和重工
照明器具：MAXRAY、YAMAGIWA、
丹麦 Louis Poulsen

东京都·末房宅

一户建（日式独院住宅）·木结构·两层
家庭成员：夫妻二人
占地面积：96.11 平方米
总使用面积：108.99 平方米
设计＝石川淳建筑设计事务所＋石川直子建筑
设计事务所·kingyo8 工作室

摄影＝中村绘　文＝松林裕美

利用高度差，以风格划分客厅和餐厅

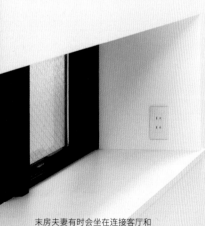

末房夫妻有时会坐在连接客厅和
餐厅的这个小楼梯上，悠闲地看
看书、喝喝咖啡。这个楼梯除了
本身的动线功能外，还兼具了休
闲空间的功能。

利用楼梯和壁柜，打造出空间的风格变化

虽然房子位于东京都中心，但周围很安静。因为喜欢附近的环境，所以末房先生和太太便购买了这块土地建造新家。这栋南北朝向的房子三边都有住户，地皮是一块宽 5 米、进深 20 米的细长方形。身为铜版画家的末房太太平时把家当工作室，因此装修时既要考虑到居住，又要兼顾女主人的工作。

末房夫妻将设计工作委托给了擅长简约装修风格的设计师石川淳和石川直子。对于家里的设计，末房

夫妻提出了两点要求：一是希望在开放式的客厅和餐厅内，书架能够集中在一个地方；二是希望能有一个不用担心被邻居或过路人看到的露台。

对此，设计师提出的方案是将客厅、餐厅和厨房放在二楼，靠二楼跃层的小楼梯区分。利用高度差划分各个房间，也使房间过渡非常自然。二楼的一整面墙都做成了开放式壁柜，除了夫妻俩的藏书外，还放了电视机、录像机以及很多杂物。这个壁柜的设计省下了很多收纳类家具的空间，尽可能大地利用了有限的空间面积。

idea 126

选材考究，提高实用性

对于整个家装，除了明亮舒适外，末房夫妻还提出了一个要求，就是要方便收拾打扫。设计师选用了树脂地砖，除了看起来美观外，也增加了实用性。

idea 127

位于住宅密集区但依然能保证采光的秘诀

末房家的三面都有住户，如何在保护隐私的前提下又能保证采光不受影响，成了设计的关键。墙壁上的窗户并不是很大，主要的光线来自天窗，室内的白墙也有利于光线的反射，最终呈现出一个明亮的空间。

idea 128

天窗保证充足的光线

为了保证充足的光线，工作室将房顶高度提高到了3米。家里的出入口和工作室的出入口是分开的，工作室的出入口为了方便搬运作品，门框较宽，并且没有台阶。工作室选用的是既耐用又不怕脏的水泥地板。

idea 129

用开放式壁柜
点缀简洁的空间

末房夫妻将平时常看的书籍和常听的 CD 放在了一伸手就能拿到的架子上，较高的位置则故意不放太多东西，留下一些余白，让整个壁柜看起来不至于因为堆满了东西而杂乱无章。这也是一种看起来更舒服的收纳方法。

idea 130

既保护隐私
又利于采光的窗户

末房家的房子在保护隐私的同时，又非常宽敞明亮。窗户的位置设计在客厅墙的顶部，除了采光，还能透过这个窗户欣赏外面的蓝天。末房先生说："多亏了这扇高高的窗户，让我在客厅也能静得下心来。"

idea 131

楼梯的巧妙设置

末房家一楼的大部分空间都用作了末房太太的工作室，二楼则用于生活起居。二楼的客厅和餐厅用一个小楼梯连接，彰显出空间的延伸感。除了这个小楼梯外，房子里还有两处楼梯。一处在房子南面，连接玄关和二楼；另一处在房子北面，连接一楼卧室和二楼。

1F

衣帽间　清洗台　玄关
卧室（约 7.5m²）　休息室　工作室（约 38m²）

2F

洗衣机　走廊 2　走廊 1
洗面室　兴趣房（约 5.8m²）　客厅（约 18.2m²）　餐厅（约 8.3m²）　厨房（约 8.8m²）
浴室　收纳　冰箱

idea 132

让家中有"山"有"谷"

待在餐厅就可以看到楼顶的阳台，增加了整个屋子的宽敞度。如果说餐厅是家里的一座"小山"，那从"小山"看下去，客厅就是"山谷"。高高低低、错落有致的空间，增添了几分舒适与温馨。

idea 133

利用高度差

餐厅和厨房的地板下面因为高度差形成了一片大大的空间，正好用作收纳。这里堆放了很多换季的衣物、日常生活不怎么用得到的家具和一些大件物品等。这个收纳空间也保证了客厅和餐厅的整洁。

idea 134

长长的楼梯让家中"公私分明"

在设计时，末房太太提出了两个要求：一是一楼的层高要增加，二是想要像上下班一样每天往返于工作室。为了满足这两个要求，设计师设计了一个连接玄关和二楼的长长的楼梯。利用上下楼的时间，自由转换工作模式和生活模式，做到"公私分明"。

Living & Dining Room

装修
亮点
大盘点

idea
135

楼梯的
巧妙设置

外观和室内空间简洁大方，装修主要采用黑白色调——这是末房先生理想的住宅。整个家里，餐厅的装修最能体现末房先生追求的风格。厨房的支撑柱涂成黑色，也是为了给整个空间增加亮点。

idea
136

向客厅传送
阳光的楼顶阳台

能够向客厅传送阳光的楼顶阳台用木挡板围了起来，完全不用担心会被周围邻居看到。这个阳台还可以用来晾晒衣物，或者在这里喝杯咖啡，小憩一会儿。

idea
137

利用地皮
形状扩大空间

客厅和餐厅之间的小楼梯为整个空间带来了变化，同时让人感觉室内空间变大了。墙面低处的窄窗设计，也是为了吸引人的视线往横向走，增加视觉宽度。

idea
138

书放在像图书馆
书架般的架子上

末房先生要求设计师在设计的时候考虑到将家里的书都集中在一个地方，所以设计师为他打造了这个像图书馆书架般的开放式架子。架子每一格的高度都保持一致，每一格内放的书也都尽量保持统一的高度，整个架子看上去非常整齐。

idea **139**

Kitchen

idea **140**

idea **141**

厨房

[idea139] 设计师在 L 字形厨房的三边都安装了操作台，改造成了 U 字形。有时夫妻二人会同时下厨，所以厨房首先要保证足够的空间，可以让两个人同时在里面做饭。水池、燃气灶和厨具的布置也非常合理，操作起来方便顺手。

[idea140] 厨房采用了开放式碗柜。

[idea141] 按照末房太太的要求，在厨房设计了一张台面，可以熨衣服。

idea **142**

卧室

卧室位于一楼北面。除了从玄关上楼的南面楼梯外，北面也有一个楼梯，从卧室可以直接上到二楼。卧室南面还有一扇直通工作室的门。墙上的窄窗既可以保护隐私，又能够令卧室拥有柔和的光线。一进卧室，身心就得到了完全的放松。

Bedroom

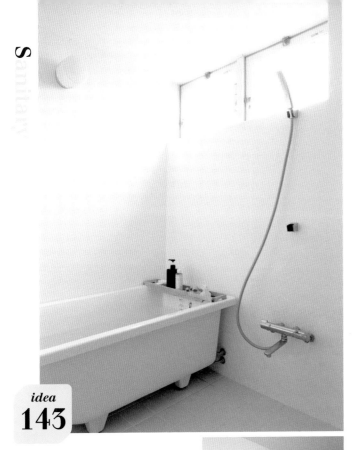

idea 143

卫浴

[idea143] 因为泡澡的时候喜欢伸开腿脚，所以末房先生希望在浴室安装一个大浴缸。因此，设计师选用了一款较大型号的浴缸，墙壁和地板采用了 FRP（纤维增强复合材料）防水施工工法。浴室、洗面室和厕所则设计成一体式，成为一套整体卫浴。

[idea144] 地板和洗面台都铺了白瓷砖，看起来非常干净。

兴趣房

兴趣房是为平时喜欢玩吉他的末房先生设计的。虽然面积只有 5.8 平方米左右，但这是一个可以享受个人时光不受干扰的空间。兴趣房并没有专门做吸音、隔音处理，如果需要的话，可以通过一面组装式隔音板隔音。这间兴趣房将来还打算布置成客房。末房夫妻对这个空间的利用，还有很多自己的想法。

idea 144

Hobby Room

idea 145

设计师资料

石川淳建筑设计事务所
地址：东京都中野区江原町 2-31-13-106
电话：03-3950-0351
电子邮箱：j-office@marble.ocn.ne.jp
主页链接：http://www.jun-ar.info

石川直子建筑设计事务所·kingyo8 工作室
地址：神奈川县川崎市中原区上丸子山王町 1-1413-A402
电话 / 传真：044-422-7322
电子邮箱：kingyo_8@nifty.com
主页链接：http://homepage3.nifty.com/n-o-arc/

简介

石川淳 + 石川直子

Jun ishikawa，1966 年生。
2002 年成立石川淳建筑设计事务所。
Naoko ishikawa，1966 年生。
2002 年创办大西直子建筑设计事务所·kingyo8 工作室，2011 年更名为石川直子建筑设计事务所·kingyo8 工作室。

房屋资料

末房宅所在地：东京都
家庭成员：夫妻二人
结构层数：木结构·两层
占地面积：96.11 平方米
总使用面积：108.99 平方米
一楼使用面积：52.47 平方米
二楼使用面积：56.52 平方米
地域类型：第一种中高层居住专用地域
该区域建筑密度：58.80%
容积率：113.40%
设计期间：2009 年 8 月 -2010 年 3 月
施工期间：2010 年 4 月 -2010 年 9 月
施工单位：ISA 企画建设
施工费用：2797 万日元（约合人民币 170 万元，不含设计和监管费用）

建材

外部使用建材
房顶：彩色铝锌镀层钢板
外墙：水泥 + 壁板

内部使用建材
客厅
地板：松木地板
墙面、房顶：PVC 墙纸
餐厅、厨房
地板：树脂地砖
墙面、房顶：PVC 墙纸

主要设备及家用器具厂家
厨房：定做
厨房设备、电器：
德国 Miele
卫浴设备：
TOTO、GROHE、Tform
照明器具：
ODELIC、小泉照明、MAXRAY、YAMAGIWA、远藤照明
供暖系统：
蓄热式电暖（Olsberg）

东京都 · 小川宅
一户建（日式独院住宅）· 木结构 · 两层
家庭成员：夫妻二人
占地面积：115.31 平方米
总使用面积：92.10 平方米
设计＝佐藤 · 布施建筑事务所

摄影＝中村绘　文＝畑野晓子

改变天花板高度，
让楼梯井空间更加舒适

自然地连接不同氛围的空间

非常喜欢看电影的小川治人和裕子夫妻俩希望能有一个带天井的客厅，这样就能在家里悠闲地看电影了。客厅有两层楼高，这个设计也是考虑到毕业于音乐大学声乐系的女主人小川裕子，能让她的歌声和钢琴声更好地萦绕在家中。整个客厅里，除了清耳悦心的音乐外，还充满了灿烂的阳光。

负责小川家设计的佐藤·布施建筑事务所的佐藤哲也和布施木绵子提出了一套既能让夫妻二人一起享受共同的兴趣爱好，又能让他们独处时能感受到对方存在的设计方案。由于有一个中庭，所以一楼中间可利用的空间很窄，但设计师结合这个特点，将客厅和餐厅做了完美的布局。不到12平方米的客厅，虽然面积不大，又摆放了不少家具，但因为正冲着中庭，人待在里面也并不觉得拥挤。

在小川家，不同的房间有不同的风格，但每一个房间都舒适温馨。柔和的光线照射在硅藻土墙面上，加上心仪的家具、喜爱的电影以及优美的音乐，这些理想和谐的元素搭配起来，让生活更加美好。

**拥有天井
的敞亮客厅**

客厅的天花板有两层楼高，小
川夫妇最喜欢在这个客厅里看
看电影或者听听音乐。透过高
到天花板的大窗户，能看到中
庭里的绿景。左手边尽头就是
餐厅。

idea 148

通往餐厅的玄关，
布置成了展馆风格

硅藻土墙面上配上三合土地面，加上从天窗射进来的阳光，让玄关有了一种静谧的氛围。玄关的墙上摆放着学过陶艺的女主人小川裕子的作品，整体风格像展馆一般。从玄关进来就能走到餐厅，照片中正面的小门，一打开便是厨房。

idea 150

降低餐厅天花板的高度，
提高舒适度

餐厅通过一面矮墙和玄关隔开，天花板的高度进行了适当的降低。这样一来，从玄关天窗进来的柔和光线也能进入餐厅。餐桌是女主人自己动手，用锉刀重新打磨的。

idea 149

将心仪的小物件
摆放在窗边的装饰台上

与窗框配套设计的装饰台上，摆放着小川夫妇心仪的小物件和充满回忆的旅行纪念品。考虑到音响效果，家中没有放置多余的大件家具，只通过这些小细节进行点缀。

idea 151

高度和空间的
连接都张弛有度

由于中庭的存在，客厅和餐厅之间便用自然形成的细长过道连接。高度超过 5 米的客厅和 2.4 米高的餐厅带给人不同的感受。二楼没有采用间壁墙，而是用腰壁和装饰对空间进行分隔。

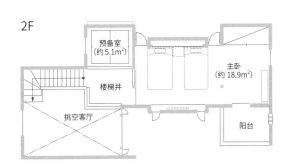

1F
厨房（约 6.6m²）
玄关
冰箱
衣帽间
洗面室
洗衣机
N
餐厅（约 12.8m²）
浴室
中庭
客厅（约 17.9m²）

2F
预备室（约 5.1m²）
主卧（约 18.9m²）
楼梯井
挑空客厅
阳台

idea 152
既增加了亮点，又兼具实用性

楼梯处的墙壁涂上了小川夫妇挑选的粉色。在整体家装风格都非常朴素温馨的小川家，这面色彩强烈的粉墙为房间增添了亮点。粉墙里面，藏着男主人小川治人收藏的 Anthony Gallo 的音箱。

idea 153
为音响效果特别设计的客厅墙面

考虑到空间的大小和隔音效果，放置钢琴的地方设计了一部分凹墙。墙壁的凹凸和天花板的高度可以很好地控制声音的传播，凹墙内则安装了通风窗和书架。

idea 154

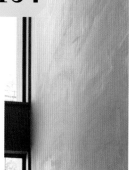

idea 155
墙壁选用富于质感的硅藻土

一开始打算在墙上贴墙纸，后来为了追求更好的质感而改成了硅藻土涂料。每当看到随着光线变化而呈现出不同视觉效果的墙壁，小川治人都会感叹"虽然装修成本提高了，但咬牙决定换成硅藻土涂料是对的"。

小清新风格的伪木质窗框

由于小川家位于准防火地区，不允许使用木质窗框，因此设计师在铝质窗框的外面包了一层木边，让窗框看起来像是全木材质。窗边的装饰台和窗框也是一体式的。

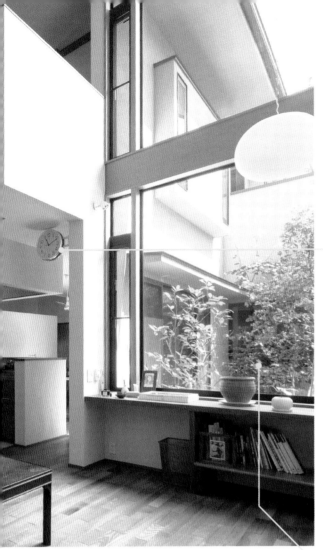

从欧洲车站
得到灵感的时钟

连接客厅和餐厅的小过道墙上安装了一个由两个时钟背对背装起来的双面时钟。这个灵感来自喜欢旅行的夫妻俩在欧洲车站看到的双面时钟。

idea **157**

idea **156**

用不同地板营造
每个楼层的不同氛围

因为家里安装了地暖，所以一楼铺了水曲柳地板。经过高温热处理，水曲柳地板本身也多了一丝深色，二楼则铺了柳安板。根据不同楼层选用不同材质的板材，这样做也可以很好地控制成本。

小川宅小发现

装修
亮点
大盘点

中庭露台是都市
住宅中的绿洲

对于都市住宅来说，能够亲近绿色植物的中庭是非常重要的治愈场所。因为和餐厅正对着，所以用餐时心情也会变得愉悦。封闭式大窗户两边的通风窗不是很高，也是为了让整个空间显得更温馨。

idea **159**

idea **158**

和旧家具
相得益彰的装修

墙上的木板和拉门的门框都选用了美国杉木，门窗的搭配和杉木的质感营造出了一丝怀旧的氛围。很有年代感的碗橱和整个空间也是完美搭配。

Living &
Dining Room

idea
162

idea
160

K i t c h e n

衣帽间

[idea162] 现在这个家曾是小川先生的奶奶居住过的平房。一楼的衣帽间保留了旧家的格子门。门的另一边是水池。
[idea163] 衣帽间和可以在里面脱换衣服的洗面室相通，洗漱换衣一气呵成，非常方便。

idea
163

C l o s e t

idea
164

洗手间

小川太太说："我们原本想在家里每一个地方都装点上颜色。后来觉得如果是封闭洗手间的话，就可以大胆用自己喜欢的壁纸了。"洗手间墙壁刷了跟楼梯处一样的粉色，配以花团锦簇的壁纸。小川太太表示，虽然选壁纸的时候犹豫了很久，但整个挑选的过程却充满了乐趣。

idea
161 厨房

[idea160] 为了收纳大大小小的陶艺作品，小川家厨房里橱柜抽屉的大小全都有明确的要求，因此小川夫妇委托了新潟县的木工作坊专门定做了这套橱柜。照片中最里面的门打开就是玄关。
[idea161] 定做的橱柜抽屉上的扣手，是男主人小川治人在英国购买的古董。

R e s t r o o m

idea
165

卧室

[idea165] 为了方便躺在床上看电影，卧室的墙上安装了一个壁挂电视，电视墙则选用了草绿色的壁纸。

[idea166] 卧室里同样沿用了旧家留下来的格子门。地上铺的是正方形柳安板拼接的木地板。这种朴素的味道，和旧门搭配起来非常协调。

idea
166

idea
167

和室

[idea167] 通过和室里的这扇小窗，能眺望都市的一抹绿色，可谓是点睛之笔。

[idea168] 位于二楼的预备室约有 5 平方米大小。平时这间和室不设隔断，和楼梯井直接相通使用，而这个和室和楼梯井的隔断其实是卧室壁柜的拉门，有客人来访的时候才拉起来。大块图案的壁纸，也展现出小川夫妇有趣的一面。

idea
168

设计师资料

佐藤·布施建筑事务所
地址：东京都武藏野市御殿山 1-7-12-601
电话：0422-48-2470　传真：0422-48-2471
电子邮箱：satofuse-arch@nifty.com
主页链接：http://homepage2.nifty.com/satofuse-arch/

简介

佐藤哲也 + 布施木绵子
Tetsuya Sato，1973 年生。
Yuko Fuse，1971 年生。
二人都曾在椎名英三建筑设计事务所工作，2006 年共同创办佐藤·布施建筑事务所。

房屋资料

小川宅所在地：东京都
家庭成员：夫妻二人
结构层数：木结构·两层
占地面积：115.31 平方米
总使用面积：92.10 平方米
一楼使用面积：57.69 平方米
二楼使用面积：34.41 平方米
地域类型：近邻商业地域
该区域建筑密度：65%
容积率：33%
设计期间：2009 年 7 月 -2010 年 1 月
施工期间：2010 年 4 月 -2010 年 9 月
施工单位：广井工务店
总施工费：2300 万日元（约合人民币 140 万元，含外部结构费用，不含设计监管费和其他费用）

建材

内部使用建材
客厅、餐厅、其他一楼房间
地板：水曲柳地板（地暖用）
墙面：硅藻土
房顶：壁纸
二楼
地板：柳安板
墙面：硅藻土、壁纸
房顶：壁纸

主要设备及家用器具厂家
厨房：藤泽木工所
卫浴设备：TOTO、Tform
照明器具：松下电器、YAMAGIWA 等

B e d r o o m

J a p a n e s e　R o o m

神奈川县·Y宅

一户建（日式独院住宅）·木结构·两层
家庭成员：夫妻二人 + 两个孩子
占地面积：135.44 平方米
总使用面积：121.70 平方米
设计＝ LEVEL ARCHITECTS

摄影＝中村绘　文＝宫崎博子

时髦的北欧风客厅，
细节处充满童趣

冲着室外道路的西面一侧的外墙像三角锥一样，形状很奇特，但它却能够在保证室内的采光和通风的同时，保护好一家人的隐私。所以，待在家里既觉得宽敞舒适，又不用担心会被外面看到。能够晾晒衣物的阳台，也发挥了大作用。

整个家都是孩子的玩耍空间

想珍惜和家人一起度过的每一分每一秒——工作特别繁忙的 Y 先生希望新家的设计和装修，能够创造更多让自己和孩子交流的空间。

Y 先生家的房间布局非常特别。从玄关一进来就是儿童房和室内露台，二楼玩具房的阁楼和客厅形成了一体的空间。LEVEL ARCHITECTS 的设计真的让家中仿佛是孩子们的游乐场，Y 先生和太太都觉得现在家里确实充满了富有童趣的设计感。

由于 Y 先生一家大部分时间都在客厅度过，设计师为他们设计了大容量的收纳空间，不仅可以收放日常生活用品，还可以将孩子们外出用的衣物和书本等全都放在里面。

室内的装修风格选择了 Y 太太非常喜欢的北欧风。以白色墙壁为基调，搭配柚木家具，再通过五颜六色的杂货和壁纸让室内时尚活泼起来。Y 太太赞叹道："这完全就是我们理想中的家装，太赞了！"现在，Y 先生一家可以尽情地享受其乐融融的时光了。看起来，这个充满创造力的新家非常成功呢！

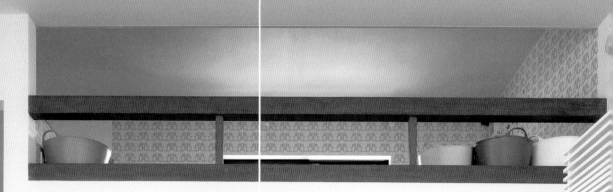

idea 170

客厅、餐厅、厨房
都采用北欧风格

在白墙和木质家具的基础上，用日用杂货和小装饰物做点缀，打造成北欧风格的家装。为了能在厨房的操作台前摆放椅子，特别在操作台下面留出了足够的空间。妈妈做家务的时候，小朋友还能在妈妈旁边写作业呢。

idea 171

用外墙
保护隐私

被外墙围住的露台成为了家和外面街道的缓冲地带，同时因为加了外墙，在家中也不会感受到外面的喧嚣。坐在沙发上可以悠闲自在地眺望绿树蓝天。此外，因为客厅和阁楼相连，所以待在客厅也能看到孩子们在阁楼做什么，夫妻俩就不用担心孩子们离开视线发生意外了。

idea 172

用美好
回忆装饰客厅

因为喜欢为家人拍照，所以 Y 太太希望家中可以有一个架子用来摆放家人的照片。于是，我们在家中发现了 LEVEL ARCHITECTS 设计的四角都带弧度的开放式壁柜。据说，这个壁柜也是 Y 太太亲自挑选的。

idea 173

在休闲娱乐与生活
起居之间"划出界限"

被外墙围住的一楼主打休闲娱乐，靠近外面街道的地方设计成了中庭，中庭旁边则设计了室内露台这个"公共区域"，剩下的三个角则用作卧室和儿童房等。而之所以能够这么"奢侈"地利用空间，是因为设计师将厨房、餐厅、浴室等生活起居的区域全部搬到了二楼。

和室（约 10.4m²）
主卧（约 12.4m²）
中庭
儿童房（约 18.5m²）
鞋柜
室内露台（约 11.6m²）

1F

洗衣机
冰箱
客厅＋餐厅＋厨房（约 24.8m²）
浴室
洗面室
挑空客厅
木质阳台

2F

露台
阁楼（约 5.6m²）
阁楼（约 8.6m²）
挑空客厅
挑空客厅

LOFT

idea 174

放弃抽屉柜，
让成本大幅降低

客厅的大柜子分为开放式和带柜门的两种类型。设计师出原贤一介绍道："我们没用抽屉柜，而是选择了带门的柜子，这样就能将成本控制在原来的一半左右。"

idea 175

延长厨房的操作台，
衔接两个房间

设计师将厨房的人造大理石操作台延长，强调了室内横向的线条，并为房间增添了一些活泼的元素。设计师出原贤一说："为了不让客厅的柜子看起来太笨重，我们将它做成了上下两段式。"

idea 176

洗衣做饭
两不误的设计

浴室门口就是洗面台，这里的大窗户既可以保证充足的光线，也能让洗完澡后的湿气迅速散开。因为浴室就在厨房附近，所以可以轻松做到一边洗衣服一边做饭或者收拾餐具，这样就不用再跑来跑去了。

idea 177

从客厅可以看到
孩子们的"城堡"

客厅旁边的楼梯通向阁楼。阁楼选用的企鹅壁纸是Y太太在网上找到的，天蓝色的小企鹅也让小阁楼仿佛梦幻般的城堡一般。一般孩子们的玩具都放在阁楼上，就算带到客厅玩也可以很快收拾好，不会让客厅看起来乱七八糟。

木质露台成为
二楼的小院子

这张照片拍的是孩子们在正对着客厅的露台玩吊床。天气好的时候，一家人可以在蓝天白云下尽情玩耍放松，不用担心会被邻居或者过往行人看到。此外，这个露台还安装了可以组装秋千的金属支架。

idea
178

Y 宅小发现

装修
亮点
大盘点

idea
179

二楼的房间布局
让家务活更轻松

Y 先生一家希望在家的大部分时间都能在一个楼层活动，所以整个房子的布局都经过了精心的设计。从客厅的入口到阁楼再到浴室，各个房间之间的走动合理又省事，也让 Y 太太平时做家务省了不少力气。

idea
180

用玻璃地板和
百叶板传递阳光与声音

因为将客厅设计在了二楼，所以孩子们回家的时候可能注意不到——为了消除这个担心，二楼的地上设计了一块玻璃地板和一块可以取下来的百叶板。这个改造既可以让二楼的阳光照到一楼，也能让在二楼的人注意到一楼的动静。如果到了开冷暖空调的季节，可以将百叶板换成实心板来保证温度。

Living &
Dining Room

idea
181

idea
182

idea
183

Kids Room & Inner Terrace

idea
184

Japanese room

儿童房、室内露台

[idea181]Y 先生希望家中能有一个地方用来保养自行车，最好还能在室内，所以才有了现在这个室内露台，并且还为喜欢玩秋千的大女儿安装了秋千，这样 Y 先生就可以看着女儿玩了。玄关右手边的儿童房，将来打算分成两个房间。

[idea182]玄关门口的墙上用杉木板钉出了一个架子，喜欢户外运动的 Y 先生和太太将户外用品都放在了这里。

[idea183]室内露台朝向中庭的那面墙安装了一扇大窗户，让整个露台显得更敞亮。

和室

顺着室内露台一直往里走就来到了这间和室，Y 先生和太太的父母来的时候就住在这里。房间里除了一扇通风用的小窗户以外，朝向中庭那面墙下部还有一扇地窗。为了统一整个房间的风格，门口的拉门和壁橱门上都贴了和纸。

idea 185

idea 186

idea 187

K itchen

厨房

[idea185] 整个厨房的布置和装修 Y 太太都非常用心，包括地砖都是精挑细选的。厨房的操作台下面可以放椅子，坐在那里就能吃到刚出锅的美味。

[idea186] 楼梯下面的空间设计成柜子，专门用来存放粮食或零食。

[idea187] 吊柜颇为精致，拉门和拉手处都涂上了颜色，上面还摆放了一些餐具和小物件做装饰。

idea 188

R estroom

厕所

一楼的厕所墙刷了明亮的粉色，二楼的厕所墙刷了两遍乳胶漆之后，又在上面贴上了蝴蝶贴纸做点缀。Y 太太说："厕所的空间比较狭小，我们特意把它装修得比较鲜艳。通常我总是不愿意打扫厕所，但把厕所装修成可爱风格以后也提升了干劲呢。"

设计师资料

LEVEL ARCHITECTS
地址：东京都品川区大井 1-49-12-305
电话：03-3776-7397　传真：03-6412-9321
电子邮箱：info@level-ARCHITECTS.com
主页链接：http://www.level-ARCHITECTS.com/

简介

中村和基 + 出原贤一

Kazuki Nakamura，1973 年生。
Kenichi izuhara，1974 年生。
二人都曾在纳谷建筑设计事务所工作，2004 年共同创办 LEVEL ARCHITECTS。

房屋资料

Y 宅所在地：神奈川县镰仓市
家庭成员：夫妻二人 + 两个孩子
结构层数：木结构·两层 + 阁楼
占地面积：135.44 平方米
总使用面积：121.70 平方米
一楼使用面积：66.64 平方米
二楼使用面积：55.06 平方米
地域类型：第一种居住地域
该区域建筑密度：47.6%
容积率：87%
设计期间：2011 年 3 月 -2011 年 8 月
施工期间：2011 年 9 月 -2012 年 2 月
施工单位：Y's Home
总施工费：2850 万日元（约合人民币 173 万元）

建材

外部使用建材
房顶：FRP 防水
外墙：木板

内部使用建材
客厅、餐厅
地板：橡木地板
墙面、房顶：壁纸

主要设备及家用器具厂家
厨房：Y Craft
厨房用具：HARMAN、H&H Japan
卫浴设备：TOTO、LIXIL
照明器具：松下电器、小泉照明等

群马县·K宅

一户建（日式独院住宅）·木结构·两层
家庭成员：夫妻二人
占地面积：279.78 平方米
总使用面积：119.24 平方米
设计＝*STUDIO LOOP 建筑设计事务所

摄影＝中村绘　文＝宫崎博子

咖啡店风格客厅，
将古董家具衬出韵味

旧物换新颜，打造与众不同的空间

K 先生家的客厅和餐厅总让人有种怀旧的感觉。K 先生和太太都很喜欢去咖啡店或者逛逛二手店，所以婚前他们就开始收集旧家具或者旧门了。K 先生家的装修主题是"像咖啡店一样很治愈的家"。据说，旧木材风格的地板和改装的玻璃拉门都是 K 先生和太太自己设计出来的。K 太太指着客厅的白色拉门向我们介绍道："这扇门是请人帮我们重新改造了的。"为

了搭配这些旧门和家具，墙柱和长椅也都选择了深棕色。每一件家具都拥有独特的材质和味道，混合起来就呈现出一个怀旧复古又时尚的空间。

白天，阳光射进屋内，让人感觉非常舒适。到了晚上，屋内的感觉又截然不同。打开灯，餐厅就会被温暖的光线笼罩。吃完饭，K 先生和太太就会各自到自己的专属休息区放松。家里摆放的都是自己心仪的物品，当然就越来越恋家了。这个处处充满温馨元素的家，自然也成为了 K 先生和太太治愈的空间。

idea
192

厨房墙上开了小窗，
方便将刚出锅的菜肴端上饭桌

K 先生和太太都在外面工作，做家务活的时间比较有限，因此设计师在厨房的墙上开了一个小窗，方便传递碗盘等。小窗前面还有一张桌子，太太做饭的时候，K 先生可以坐在这里陪她聊聊天。

idea
190

坐在窗边长椅上
欣赏光与影之美

房子南面的大窗户可以让阳光肆意地照进来。二楼南面的地板铺了强化玻璃，阳光能洒落到一楼。来自各个方向的光生出影子，坐在窗边的长椅上欣赏光影交错之美，好不惬意。

idea
191

开关汇总在一起

厨房外侧的墙上有一块金属开关面板，上面共有 5 个开关，分别控制着不同厂家的电器。开关面板内部的接线和黑色的开关都是松下的，面板则是在美国厂家特别定做的。

idea
193

彩色墙让
卧室活泼起来

二楼主卧的一整面墙都贴上了绿色的壁纸，让卧室看起来清新活泼。

idea 194

将来可改造成家庭办公室的书房

客厅旁边就是书房。搞美术印刷设计的 K 先生打算将来自己单干的时候就将这间书房改造成家庭办公室。因为挨着客厅，所以在家办公的同时照看孩子也没问题。

旧家具派上大用场

电视机旁边的柜子便是 K 先生夫妻俩收集来的旧家具。柜门是磨砂玻璃，所以不会一眼就把柜子里面的东西看得一清二楚，反而增添了一丝时尚气息。柜子上摆放的茶罐和表等物品，看似随意，其实也是精心设计了一番。为了不让柜子上摆放的东西太多显得杂乱，摆放的件数也有所控制。

idea 195

idea 196

搭配旧家具，墙柱和楼梯也涂上颜色

搭配旧家具的色调，墙柱和楼梯也都涂上了深棕色。高高的和式抽屉柜放在沙发旁边，用来收纳日常用品。这个抽屉柜的每一个抽屉上都带有钥匙孔，是一件将细节做到极致的家具。

idea 197

公私分明的动线设计

在设计房间布局时最重点考虑的一个因素就是 K 先生将来打算在家中办公。因此，书房和客厅可以开放使用，而从玄关进入厨房和从走廊上到二楼都是走比较不显眼的地方，确保了私人空间不会被人看到。即便有客人到访，也可以自由出入不受影响。

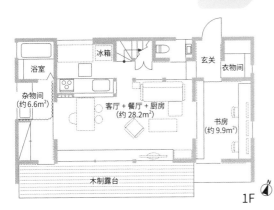

1F

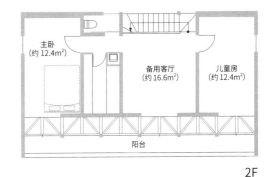

2F

idea 198

**将地板板材
用到餐厅的墙上**

厨房的墙上安装了一个装饰用的窗扇，
按照 K 太太的要求，设计师结合这个
窗扇在旁边设计了一个小窗户。厨房这
面白色的木板墙，虽然颜色不一样，但
其实和地板使用的是一样的板材，更突
出了房间整体的风格。

idea 199

**绿色的沙发
成为点睛之笔**

K 先生家的装修整体偏棕色，为了让房
间里有亮点，就继续使用了之前家里的
绿色沙发。沙发后面的墙为 PC 材质，
能为后面的楼梯带去光亮。

Living &
Dining Room

装修
亮点
大盘点

idea
200

改造旧门再利用

K 先生将这扇以前日本住家中常见的
旧门进行了改造。门上有透明、磨砂
和横纹三种玻璃。这扇门和现代家具
搭配在一起，让家中展现出一种既现
代时尚又富有古色古香韵味的独特
氛围。

idea
201

自己动手完成
怀旧风格地板的清油工艺

怀旧风格的地板是 K 先生和太太一起采
购的，二人甚至自己动手为地板刷了清
油。一块块木板拼起来的样子，让人联
想到以前的旧校舍。

idea
202

自己动手刷墙

这次装修，K 先生和太太挑战了自
己刷墙这个重任，墙上还保留着
抹子的痕迹，整个墙面效果比较
粗犷。在瑟瑟寒风中，和 K 先生
夫妻俩一起完成了刷墙工作的 *
STUDIO LOOP 建筑设计事务所的
设计师村上胜还感冒了。这些都会
成为这个家的宝贵回忆吧。

idea
203

idea
205

idea
204

玄关、书房

[idea203] 明亮舒适的书房里放着 K 先生喜爱的音乐。最近，K 先生买的三抽柜也寄到了，书房会布置得越来越实用。

[idea204] 玄关和书房采用无障碍连接。

[idea205] 从书房到客厅有一定的高度差。利用这个 10 厘米的高度差，将下面的空间变成收纳拖鞋的空间。K 太太说："本来想把拖鞋也放到鞋柜里，但后来又觉得这样的话会弄脏拖鞋底，所以就放弃了。"

idea
207

Kitchen

idea
206

厨房

[idea206] 打开右侧的橱柜门，里面放着平时常用的餐具。而打开左侧的橱柜门，里面则放着微波炉和食材。

[idea207] 意大利面是 K 先生的拿手料理，而且坚持自己做意大利面的酱料。K 太太说："前阵子，他还用家庭菜园里的茄子给我做了肉酱意面呢。"放餐具的橱柜是利用旧门改造的，橱柜的进深和冰箱一致，保证了平面上的整齐。

idea 208

B edroom

卧室

[idea208] 照片正面的房间将来打算用作儿童房。据 K 太太介绍，和楼梯井相连的二楼正中间的空间，将来打算用作第二个客厅。

[idea209] 二楼南侧的地板铺上了强化玻璃，这个区域是连接室内外的走廊的，和卧室之间用 PC 板材隔开，极大程度地控制了室外温度对室内的影响。

idea 209

idea 210

T oilet & B athroom

卫浴

[idea210] 以委托木工打造的简洁风格的洗面台为中心，旁边的空间用作了杂物间。从杂物间可以直接走到院子里，杂物间里堆放着外出用品，刚在菜园采摘的蔬菜也会临时放在这里，是一个多功能的空间。右侧则放着打扫和清洁用具。

[idea211] 一楼玄关旁边的厕所也采用了棕色系。

idea 211

设计师资料

**STUDIO LOOP 建筑设计事务所
地址：群马县邑乐郡板仓町朝日野 3-8-4
电话、传真：0276-82-5730
电子邮箱：mail@studioloop.com
主页链接：http://www.studioloop.net

简介

（左起）大桥崇弘、熊泽英二、中里裕一、村上胜、田部井章
1979 年、1980 年生。五人均曾在设计事务所或住宅建设公司工作，并于 2007 年共同创建 *STUDIO LOOP 建筑设计事务所。五人在建筑和房地产等方面均有自己的专长。

房屋资料

K 宅所在地：群马县邑乐郡
家庭成员：夫妻二人
结构层数：木结构·两层
占地面积：279.78 平方米
总使用面积：119.24 平方米
一楼使用面积：59.62 平方米
二楼使用面积：59.62 平方米
地域类型：第一种低层居住专用地域
该区域建筑密度：24.89%
容积率：42.62%
设计期间：2010 年 4 月 -2011 年 6 月
施工期间：2011 年 7 月 -2012 年 2 月
施工单位：关口建设
总施工费：2600 万日元（约合人民币 157 万元）

建材

外部使用建材
房顶：防水苫布
外墙：唐松木板材、保护板材的涂料

内部使用建材
客厅、餐厅
地板：杉木地板、清油
墙面：除粉刷工艺外，一部分墙壁采用涂成白色的杉木板材
房顶：塑料壁纸

主要设备及家用器具厂家
厨房：Takara Standard
卫浴设备：Sanwa Company、LIXIL

part

3

idea

212–325

设定「关键词」，
让家装充满创意巧思

idea
212

东京都·T宅

一户建（日式独院住宅）·木结构·两层
家庭成员：夫妻二人
占地面积：70.62 平方米
总使用面积：56.43 平方米
设计＝濑下设计

摄影＝永野佳世　文＝松川绘里

关键词

小型
×
挑空客厅

在宽敞的挑空客厅，
度过一个悠闲假日

二楼的客厅拆掉了天花板，形成了一个宽敞的挑空客厅。没有天花板除了可以让整个房间的高度加倍外，还能节省装修成本。搭配楼梯的扶手和支架部分，吊扇也同样选择了黑色。

idea 213

精致的洗面台让人
仿佛置身于度假酒店

为了让一楼的洗面台前方借到院子里的景，特别安装了玻璃墙。室内的天花板和室外的屋檐选择了同样的香柏木板材。室内外选择同种材质增加了统一性，也让屋子看起来更大。方形的洗面台则来自Tform CATALANO。

idea 214

活用石头和铁，
让空间融入多种元素

客厅的一部分墙面贴上了天然石，零星贴在墙上的铁板跟窗框、吊扇一样，都选择了黑色，整个空间运用了多种材质进行装饰。房顶还开了一扇高窗，可以眺望到阳光和蓝天。

1F

停车场

衣帽间
（约5m²）

浴室

玄关

卧室
（约10m²）

洗面台

露台

0.5m 1m 2m

冰箱

2F

厨房

客厅
（约28.1m²）

餐厅

← 挑空客厅

阳台

idea 215

注重实用性，
又确保足够的空间

因为T先生家的面积并不大，所以设计师尽可能减少了房间之间的隔断。一楼将洗脸、换衣、浴室和卧室都放在了一个房间，玄关和楼梯井也打通连在一起。二楼同样强调了大的整体空间，并通过拆掉天花板增加视觉上的开阔感。

利用绿意盎然的风景和宽敞开阔的土地，打造疗愈的空间

　　T 先生家地处安静的低层住宅区，南面有一大片绿地，西面有一个网球场，他对周边的环境很满意，希望装修完的家能很好地借到外面的美景。负责 T 先生家装修设计的设计师濑下回顾自己第一次到访这个家的印象时说："我曾经上到旧屋的二楼，觉得非常通畅，还能眺望到富士山。我确信自己能将这个家打

造得很舒适。"

　　T 先生的家从外面看起来虽然窄小，但进到里面却给人宽敞的感觉。一楼并没有采用按用途区分房间的传统设计方式，而是将洗面、换衣和卧室一体化。打开拉门，玄关就和楼梯成为一个统一的空间，绝不会感觉狭小。另外，T 先生希望能够在泡澡的同时感受大自然，所以洗面台附近和浴室全都借了外面的绿景，以此带来视觉享受。选用的洗面台很有设计感，随时有身处度假酒店般的感受。

厨房正对着餐厅，
增加彼此间的交流

T先生找到了位于东京都目黑的定制家具店 FILE 来打造厨房。厨房和餐厅正对着的设计以及操作台上的小瓷砖，打造出一种咖啡店一样的时尚感。T太太说："招待客人的时候，我可以一边做饭一边跟对方聊天，这点我非常满意。"

一楼的设计注重了日常生活的实用性，二楼则注重空间的宽敞度。拆掉天花板，将二楼改造成挑空客厅以后，增加了室内的高度。除此之外，还设计了用来借景的窗户、能够眺望富士山的窗户以及可以仰望天空的窗户等，室内到处充满了创意巧思。对于喜欢呼朋唤友到家中做客的 T 先生和太太来说，能够一边做饭一边和对方面对面聊天的厨房，也是非常满意的设计。

T 先生夫妻曾经看到国外一家的装修照片，这家人巧妙地运用了木材、石头和金属进行装修，T 先生希望自家也能拥有那种感觉。因此，设计师选择了木质天花板、铁边楼梯和天然石墙面，最终效果和 T 先生非常喜欢的观赏植物完美地搭配在了一起。T 太太说："我丈夫以前是那种放假时在家根本待不住的人，现在因为这个家正是他理想中的样子，所以似乎他很愿意待在家里。而且，他现在变得很愿意在家自己动手做饭吃了。"看来 T 先生和太太都对这个家相当满意。

idea
218

天然石的纹路
自带装饰效果

客厅的一面墙上铺有天然石，石墙上还安装了白色的灯。天然石自带的纹路，为较为朴素的家装增添了亮点。

idea
217

壁柜中摆放着收藏品

设计师为喜欢音乐的 T 先生设计了一个既可以收纳又能做装饰用的壁柜。壁柜的板材选用的是和地板一样的栎木，木板的纹路则选择了平行的横纹栎木板。壁柜下面高 10 厘米左右的空隙里放着音响和内置播放设备，以及连接电视用的接线。把接线都藏在看不见的地方，也是让空间整洁宽敞的重点。

idea
220

**可以欣赏
风景的操作台**

餐厅一角的窗户是为了眺望富士山而设计的。为了让 T 太太能够在做饭或收拾餐具的时候欣赏富士山的美景，设计师对厨房的布局进行了精心的设计。

idea
219

客厅利用窗户借景

T 先生家南面的借景让外面的树像栽在自家院子里一般，客厅同样采用了借景的手法，为室内增添了绿色。

idea
221

**收纳妙招让厨房
保持干净整洁**

厨房的水池外面放置了垃圾箱，还安装了铁架用来挂抹布、放菜板。L 字形操作台的直角处里面有两个架子，要把第一个架子拉出来之后才能拿出第二个架子，非常有效地利用了操作台下面的空间。

idea 222

突显金属质感的楼梯

金属高冷的质感搭配上优雅的线条，呈现出的就是这个具有独特魅力的镂空楼梯，铁边并不昂贵。楼梯踏板选用了结实耐用的橡胶木，选色时也充分考虑到了和地板的呼应。

idea 223

能够眺望到富士山的楼顶阳台

家周围没有高层建筑物，在楼顶的阳台不仅能眺望到富士山，据说夏季还能看到花火大会的烟花。西面是网球场，而且没有别的住户，可以招待友人在阳台烧烤。

idea 224

门口选用和室内同样的材料装修

来到门口这块区域就已经能够感受到 T 先生家的装修风格。大门和室内的楼梯都涂成了黑色，周围则同样贴了香柏木板材。

idea 225

极具都市感的外观

T 先生家的外观看起来像一个简简单单的白色盒子，这个设计和爱车方方正正的感觉很相似，T 先生非常满意。外墙刷的是非常耐用的树脂混凝土。

idea 226

**一开一关，
增加房间的多变性**

虽然从卧室到玄关是一个畅通的整体，但床和洗面台之间用一块拉帘隔开，房间和客厅之间则有一扇拉门。也就是说，可以根据需求自由地对房间进行空间划分。香柏木天花板为整个卧室增添了一丝自然清新的气氛。

idea 227

**兼具收纳功能的
大容量衣帽间**

卧室的里面设计了一个衣帽间。衣帽间有一定的面积，除了放衣物外，还可以用来收纳一些生活用品。

idea 228

玻璃墙上的收纳架

洗面台区域整体的风格比较像度假酒店。设计师在美观的同时也兼顾了实用性，在玻璃墙的上面安装了一个木质收纳架，可以将零碎的小东西全部放在里面。

起床就能洗漱，
要多方便有多方便

一楼的房间布局是将洗面室、浴室和卧室都放在了一个屋子里，紧凑的设计让人感觉不到实际面积的狭小。个性的洗面台离床非常近，方便至极。洗衣机选用了设计感很强的AEG洗衣机。

设计师资料

濑下设计
地址：东京都练马区丰玉北 1-7-4
电话：03-6314-1338　传真：03-6322-5573
电子邮箱：mail@seshimos.com
主页链接：http://www.seshimos.com

简介

濑下直树 + 濑下顺子
Naoki Seshimo，1974 年生。
Junko Seshimo，1972 年生。
二人分别毕业于美国的大学，并在海外任职，于 2008 年成立濑下设计事务所。

房屋资料

T 宅所在地：东京都
家庭成员：夫妻二人
结构层数：木结构·两层
占地面积：70.62 平方米
总使用面积：56.43 平方米
一楼使用面积：27.39 平方米
二楼使用面积：29.04 平方米
阁楼使用面积：8.70 平方米(不算在总使用面积内)
地域类型：第一种低层居住专用地域
该区域建筑密度：40%
容积率：80%
设计期间：2012 年 2 月 -2012 年 7 月
施工期间：2012 年 8 月 -2013 年 1 月
施工单位：渡边 HOUSING

建材

外部使用建材
房顶：瓷砖
外墙：树脂混凝土

内部使用建材
客厅
地板：木地板
墙面：AEP 建筑墙，一部分墙面贴天然石
房顶：胶合板

主要设备及家用器具厂家
厨房：FILE
卫浴设备：Tform
照明器具：ODELIC、松下电器、DAIKO

在家中拥有泡露天
温泉般的享受

为了让 T 先生一家在泡澡的时候能像在泡露天温泉一样欣赏外面的景色，浴室采用了玻璃门。透过洗面台就能看到外面的绿色美景了。

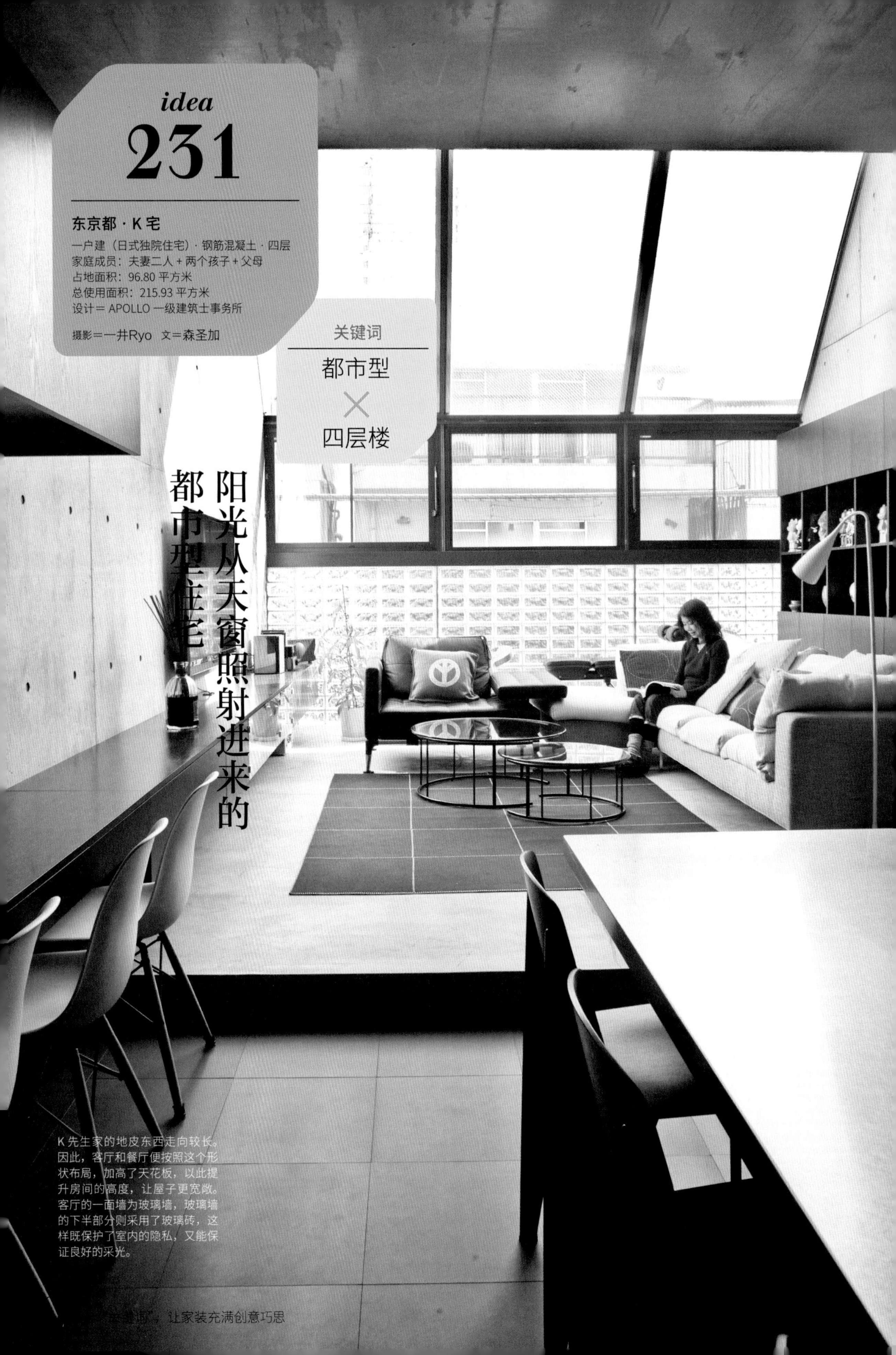

idea

231

东京都 · K 宅

一户建（日式独院住宅）· 钢筋混凝土 · 四层
家庭成员：夫妻二人 + 两个孩子 + 父母
占地面积：96.80 平方米
总使用面积：215.93 平方米
设计＝ APOLLO 一级建筑士事务所

摄影＝一井Ryo　文＝森圣加

关键词

都市型
×
四层楼

阳光从天窗照射进来的都市型住宅

K 先生家的地皮东西走向较长。因此，客厅和餐厅便按照这个形状布局，加高了天花板，以此提升房间的高度，让屋子更宽敞。客厅的一面墙为玻璃墙，玻璃墙的下半部分则采用了玻璃砖，这样既保护了室内的隐私，又能保证良好的采光。

倾斜的天花板
让采光条件变得更好

为了让客厅的窗户位置更高,设计师将天花板设计成了斜面,天窗则位于顶部。客厅的柜子选用了水曲柳板材并涂成深棕色,里面摆放着书籍和器皿等装饰物,为略显单调的客厅增添了一丝色彩。

2F　　　　　　　　　　洗衣机

卧室
(约26.3m²)

儿童房
(约12.3m²)

洗面室

阳台

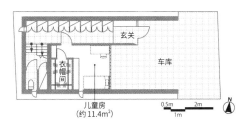

玄关

衣帽间

车库

儿童房
(约11.4m²)

0.5m　　2m
1m

N

4F

卧室
(约19.4m²)

挑空客厅

挑空厅

衣帽间

挑空客厅

客厅+餐厅+厨房
(约56.6m²)

阳台

阳台

冰箱

合理布局让一家人
都住得舒适

虽然位于东京都中心的 K 先生家的面积并不算特别大,但是K 先生希望居住空间能够宽敞,因此设计师将 K 先生家设计成了四层。以三楼的客厅和餐厅为中心,夫妻俩、孩子和老人分别住在其他楼层。

idea
235

为父母营造出
宁静温馨的房间

二楼的卧室是为K先生父母准备的。不同于客厅和餐厅的瓷砖地板，父母的卧室选用了木地板，给人一种柔和的感觉。为了更好地采光，有窗户的那面墙有些倾斜。

idea
234

每天的生活都
伴随着充足的阳光

为了保证采光，位于三楼的客厅和餐厅、厨房围绕在中庭四周。再加上客厅的大窗户，K先生家保证了绝佳的采光。而且，这个中庭还能保证通风，一举两得。

idea
236

方便实用
又美观大方的厨房

为了耐脏，厨房不锈钢操作台表面进行了砂光处理。L字形的厨房令操作非常顺手。墙面还内嵌了AEG的烤箱和冰箱，即便是开放式厨房也显得非常整洁。

巧妙布局，增强视觉效果

K先生一家的房子位于东京市中心，既能感受到大都市的繁华，又非常适宜居住。K太太说："我们曾经长期住在海外，回到日本之后也希望家里的空间能够大一些。"K先生一家希望房子是钢混结构，造型简单别致，于是他们便委托了设计师黑崎敏为房子做设计。

为了保证总使用面积，设计师为K先生一家设计了一个四层楼高的新家。也因此，三楼才能拥有现在这么大的客厅和餐厅。打通的天花板增加了空间的高度，再加上房子本身就东西走向很长，客厅整体的感觉非常宽敞，这里也成为了K先生一家六口共度时光的地方。客厅开了一面大大的窗户，为房间带来了充足的阳光。

餐厅和厨房的高度没有改变，更衬托出客厅的宽敞。此外，设计师黑崎敏特意将整体风格弄得不那么花哨，这也是因为K先生夫妻俩有品位的装饰品能够起到衬托的作用。

休息日的时候，K先生会叫朋友来家里玩，家中充满了欢声笑语。宽敞舒适的空间，正是这个家的魅力所在。

idea
237

挑空客厅巧妙
连接了三楼和四楼

由于拆掉了客厅的天花板，所以三楼的
客厅和四楼的卧室上下相通，两个房间
通过一面玻璃墙进行划分。待在客厅能
听到四楼的动静，待在四楼的卧室也能
留意到客厅的动静。

idea 238

能够感受
大都市天空的楼顶阳台

K先生家的楼顶是铺了木板的阳台。虽然家住东京市中心，但周围并没有那么多高楼大厦，可以在自家阳台上尽情地感受大都市的天空。

idea 239

强调空间面积的
一体化家具

客厅和餐厅北面的墙壁上打造了一套桌子和电视柜一体的家具。这张桌子拥有足够的长度，从视觉上提高了空间的连续性，强调了客厅的面积。

idea 240

用走廊墙
做收纳空间

这是四楼K先生夫妻的卧室的壁柜。虽然中间有一道玻璃门，但是这个壁柜从卧室里一直延伸到楼梯，确保了家里有充足的收纳空间。

idea 241

厨房前面的中庭
为做饭带来视觉享受

厨房的前面是中庭，K太太做饭时能拥有愉悦的心情，还可以和在书桌学习的孩子们进行交流。

idea 242

充分感受
室外环境的主卧

四楼的主卧除了和楼下的客厅相连，还和楼顶的阳台相连。虽然这间主卧的面积并不大，但能够直接看到外面，开阔的视野也让房间显得更宽敞。

idea 243

拥有两个
并排洗面台的浴室

家里住着六口人，所以浴室的洗面台设计成了并排的两个。浴室的墙上贴着鲜艳的蓝色瓷砖，让整个浴室看起来很清爽。

idea 244
收纳全家人鞋子的大容量鞋柜

一楼的走廊整整一面墙都设计成了鞋柜。整个鞋柜基本采用白色的柜门，但是设计师还留出了一部分空间用来摆放装饰品做点缀。

配备长椅和镜子的玄关

玄关的墙上钉有挂衣钩，定做的长椅选用了和柜子同样的材质。柜子的另一端安装了一面试衣镜，让出门前整理穿戴更加方便。

idea 246

idea 245
镂空设计让阳光穿透整个楼梯

整个楼梯几乎都被水泥墙围住，因此设计师设计了这个镂空楼梯。墙面的一部分设计成了窗户，保证了楼梯也能有充足的采光。

保护安全同时有效采光的玻璃墙

一楼儿童房的一整面墙都选用了玻璃砖打造。这样既能保护家人的安全，又能保证良好的采光。将来这个房间还可以改造成别的功能间。

idea 247

在一楼玄关下来半层的位置有一个厕所和杂物间。杂物间里放着K先生的高尔夫球用具以及换季的物品等东西。

idea 248
厕所和杂物间放在"死角"

idea 249
有设计感的外观为街道增添亮色

一横排玻璃砖、黑色的窗框和天窗，这些设计为房子的外观加了分。车库顶部的斜面设计也呼应了天窗部分。K先生家为街道增添了不少亮色。

设计师资料
APOLLO 一级建筑士事务所
地址：东京都千代田区二番町 5-25 二番町 Terrace1101
电话：03-6272-5828
传真：03-6272-5825
电子邮箱：info@kurosakisatoshi.com
主页链接：www.kurosakisatoshi.com

简介

黑崎敏
Satoshi Kurosaki
1970 年生于石川县。曾在积水住宅和 FORME 一级建筑士事务所工作，2000 年成立 APOLLO 一级建筑士事务所，2008 年改组为有限责任公司。

房屋资料
T 宅所在地：东京都
家庭成员：夫妻二人 + 两个孩子 + 父母
结构层数：一户建（日式独院住宅）· 钢筋混凝土 · 四层
占地面积：96.80 平方米
总使用面积：215.93 平方米
一楼使用面积：38.30 平方米
二楼使用面积：70.48 平方米
三楼使用面积：65.15 平方米
四楼使用面积：34.42 平方米
地域类型：商业地域
该区域建筑密度：74.92%
容积率：212.46%
设计期间：2009 年 12 月 -2010 年 6 月
施工期间：2010 年 12 月 -2011 年 8 月
施工单位：前川建设

建材
外部使用建材
房顶：防水苫布
外墙：海洁特技术层

内部使用建材
客厅、餐厅、厨房
地板：水泥地 + 打蜡（客厅）、瓷砖（餐厅、厨房）
墙面、房顶：水泥
卧室
地板：胡桃木地板
墙面、房顶：水泥

主要设备及家用器具厂家
卫浴设备：INAX、卡德维
厨房用具：AEG、HARMAN
照明器具：DN Lighting、MAXRAY、ODELIC、DAIKO、远藤照明

菅原家的客厅和餐厅都是开放式的，因为用地的形状，每一个空间在角度和地板高度上都略有不同，家中充满了大自然的气息。俏皮的天花板选用了杉木板材。吊灯来自制作黄铜生活用品的品牌 FUTAGAMI。

长野县·菅原宅

一户建（日式独院住宅）·钢筋混凝土·两层
家庭成员：夫妻二人
占地面积：150.03 平方米
总使用面积：118.23 平方米
设计＝ Synapse Studio

摄影＝水谷绫子 文＝松林裕美

关键词

郊外型

✕

平房

客厅、餐厅和厨房相连，
如同置身于茂密的森林

温暖的栎木厨房

根据菅原先生的要求，地上铺的是栎木地板，厨房和210厘米长的大餐桌则使用了同样材质的板材。丹麦设计师阿恩·雅克布森的"7号椅"（Seven Chair）系列的椅子，与厨房整体氛围相得益彰。

idea 252

和一楼相通的多用房

二楼的房间将来打算用作儿童房。虽然是个单间，但与下面的一楼是互相连接的。现在，喜欢做缝纫手工的菅原太太经常在这个房间里做自己喜欢的东西。

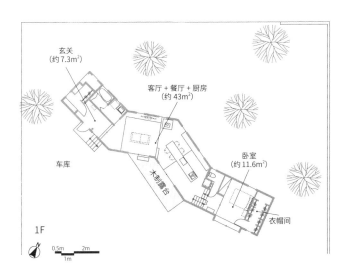

玄关
（约7.3m²）

客厅＋餐厅＋厨房
（约43m²）

车库

木制露台

卧室
（约11.6m²）

衣帽间

1F

0.5m 2m
1m

idea 253

整个家通过调整角度构成一个整体

从玄关进门，经过客厅、餐厅和厨房，最后到卧室，这几个房间中间虽然完全相通没有隔断，但是设计师却通过调整每个房间的角度让房间形成了自然的空间划分。二楼的房间是一个开放式的单间，整个家不论是横向还是纵向都形成一个整体。

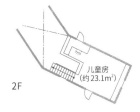

2F

儿童房
（约23.1m²）

通过调整地板水平线和房间角度
获得自然的空间划分

菅原先生的家位于日本首屈一指的拥有良好自然环境的别墅区。在被一片安静的森林环抱的菅原家，经常能听到树木沙沙作响的声音。

菅原家的外观看起来是一个细长的黑色建筑，内部采用了大量木材，让人觉得非常温馨。从玄关到客厅、餐厅、厨房再到卧室都是完全打通的开放式房间。虽然所有房间中间并没有搭建隔断墙，但设计师通过调整每一个房间的角度和地板水平线，让房间之间有了自然的空间划分。之所以有这个设计，也是考虑到房子的地皮本身并不平坦。这也是负责菅原先生家设计的植木干也和植木茶织结合地皮本身和周围环境的特点设计出来的。

菅原家令人印象深刻之处还有高高的房顶，其中最高的部分超过5米，为整体偏柔和的视觉效果中

添加了一些个性元素。菅原先生说："从平面图来看，房子弯弯曲曲，非常有个性，这种设计在一般家庭里是看不到的。"看来，设计师为菅原先生成功打造了一个理想的家。

在这个极具个性的空间内，设计师按照菅原先生的一些要求对室内进行了设计。地板和定制的家具全部统一使用栎木板材，厨房和餐桌也都统一材质。整个家的装修协调而统一，再搭配上菅原先生心仪的沙发和暖炉，每天的生活都充满了愉悦。

装修完毕后，菅原先生和太太在家里就能充分感受被大自然拥抱的感觉。透过家中大大小小的窗户，外面的风景像是一幅幅画，并且还能随着四季的变化产生不同的感受。在这样的家中生活，可以随着时间变化感受太阳的东升西落，随着季节变化看树木的生长凋落。

idea
254

大大小小的
窗户将大自然请进门

房子的南面安装了一扇用来采光和通风的大落地窗，北面则安装了用来赏景的小窗户，经窗框的点缀看起来像画一样。家里的沙发来自日本设计师深泽直人携手日本家具品牌 MARUNI 打造的"MARUNI COLLECTION 系列"中的 HIROSHIMA（广岛）系列。

充满阳光——
的温暖卧室

从玄关进来，经过客厅、餐厅和
厨房，就来到了位于房子东面的
卧室。虽然卧室平时是完全开放
式的，但也安装了一扇拉门，需
要的时候可以关上。卧室的床是
设计师植木亲手设计的。

用途多多的玄关

玄关部分特意没有进行过多装修。不仅是作为出入口使用，菅原夫妇还会在这里摆放些心仪的小物件，此外还放了一面试衣镜，让玄关用途多多。

创意巧思布置家

玄关的墙壁上安装了两条挂钩架，除了可以把喜欢的画挂在上面，还能把自行车作为装饰品挂上去。有了这个挂钩架，房间的布置就不会那么单调了。

大收纳间保证玄关的整洁

这一片地区到了冬天经常下雪，所以菅原先生希望能够有一个空间，可以放湿掉的鞋子和外套。玄关旁边的这个大收纳间既可以用来放夫妻二人所有的鞋子，还可以保证玄关的整洁。

精心铺设的木地板

单色的栎木地板是装修工人精心铺的，好的手艺更能展现木地板的美。墙壁和地板的接缝处则稍微留有一些空隙，替代了常见的踢脚线。

干净素雅的卫生间

卫生间在卧室的旁边，面积不算小。里面装了一面大镜子，洗手台也选用了简洁的设计，打造出一个干净素雅的卫生间。

木质露台成为家里第二个客厅

天气好的话，菅原夫妇会在这里吃午饭或者喝个下午茶。打开窗户就能弱化室内外的分界，所以菅原夫妇也就把这里当作了室外客厅使用。

idea 262

可爱的白色三角房顶

二楼的这个房间将来打算当儿童房用。和一楼不同，这个房间让人觉得安心放松。白色的三角房顶和小小的窗户让房间更可爱精致，定做的这个长椅还可以当作桌子使用。

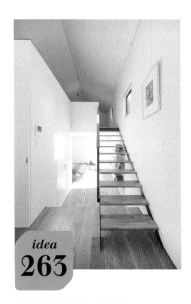

idea 263

idea 264

轻盈地连接上下两层

连接二楼儿童房和一楼的镂空楼梯设计得轻盈小巧。这张照片最里面的房间就是主卧，左手边的门是卫生间门。

保证优质睡眠的卧室

卧室高 2.2 米，是整个房子里唯一降低了天花板高度的房间。高个子的菅原先生原本还担心降低天花板高度会让房间显得很压抑，但实际使用起来却发现，不但不会觉得压抑，反而会很放松，从而保证了优质的睡眠。开得较低的窗户也让人觉得很安心，增加了房间的温馨舒适感。

idea 266

有品位的定制厨房

和地板同样采用栎木板材的厨房中间的活动区域宽 80 厘米，做饭的时候完全不会觉得碍手碍脚。不仅是收纳空间和方便性，整个厨房在颜色、质感和设计上尽显用心和品味。

idea 265

仿佛置身于大自然中的厨房

厨房的对面安装了一扇大落地窗，可以一边做饭，一边眺望外面的景色。菅原太太说："这里采光非常好，冬天也不会觉得特别冷。夏天的时候把整个窗户都打开，就能有非常好的通风。"

idea 267

真火壁炉
赶走冬天的严寒

菅原先生和太太一直都想要一个真火壁炉，这样就可以围坐在旁边，听着柴火噼里啪啦燃烧的声音。最终选择的这款小巧精致的暖炉，来自丹麦品牌 SCAN。

idea 269

idea 268

杯子专用柜

厨房操作台的侧面设计了一个小小的柜子，专门用来放杯子等。合理的设计增强了厨房的功能性。

房子外墙选用纹路漂亮的木材

菅原先生希望房子的外墙能够用木材装修，于是外墙就选用了木纹很漂亮的信州唐松。一块块贴到外墙上的板材更凸显了菅原家的精致与美丽。门口高高伫立的树，是以前就有的赤松。

设计师资料

Synapse Studio
地址：群马县前桥市六供町 760-1
五十岚大厦 205
电话：027-223-5305　传真：027-212-3035
电子邮箱：info@s-synapse.com
主页链接：http://www.s-synapse.jp/

简介

植木干也 + 植木茶织

Mikiya Ueki，1966 年生。
Saori Ueki，1976 年生。
二人 2000 年成立 Synapse STUDIO，现在同为前桥工科大学外聘讲师。

房屋资料

菅原宅所在地：长野县
家庭成员：夫妻二人
结构层数：钢筋混凝土・两层
占地面积：150.03 平方米
总使用面积：118.23 平方米
一楼使用面积：93.24 平方米
二楼使用面积：24.99 平方米
地域类型：都市计划区域内、区域区分非设定地域
该区域建筑密度：6.04%
容积率：7.62%
施工时间：2009 年 11 月 -2011 年 5 月
施工期间：2011 年 6 月 -2012 年 7 月
施工单位：大井建设工业

建材

外部使用建材
房顶：铝锌合金镀层钢板
外墙：信州唐松板材、木材保护涂料 xyladecor

内部使用建材
客厅、餐厅、厨房、卧室
地板：单色栎木地板
墙面：水泥
房顶：杉木板材、涂油处理

主要设备及家用器具厂家
厨房用具：松下电器
卫浴设备：LIXIL
照明器具：FUTAGAMI、松下电器

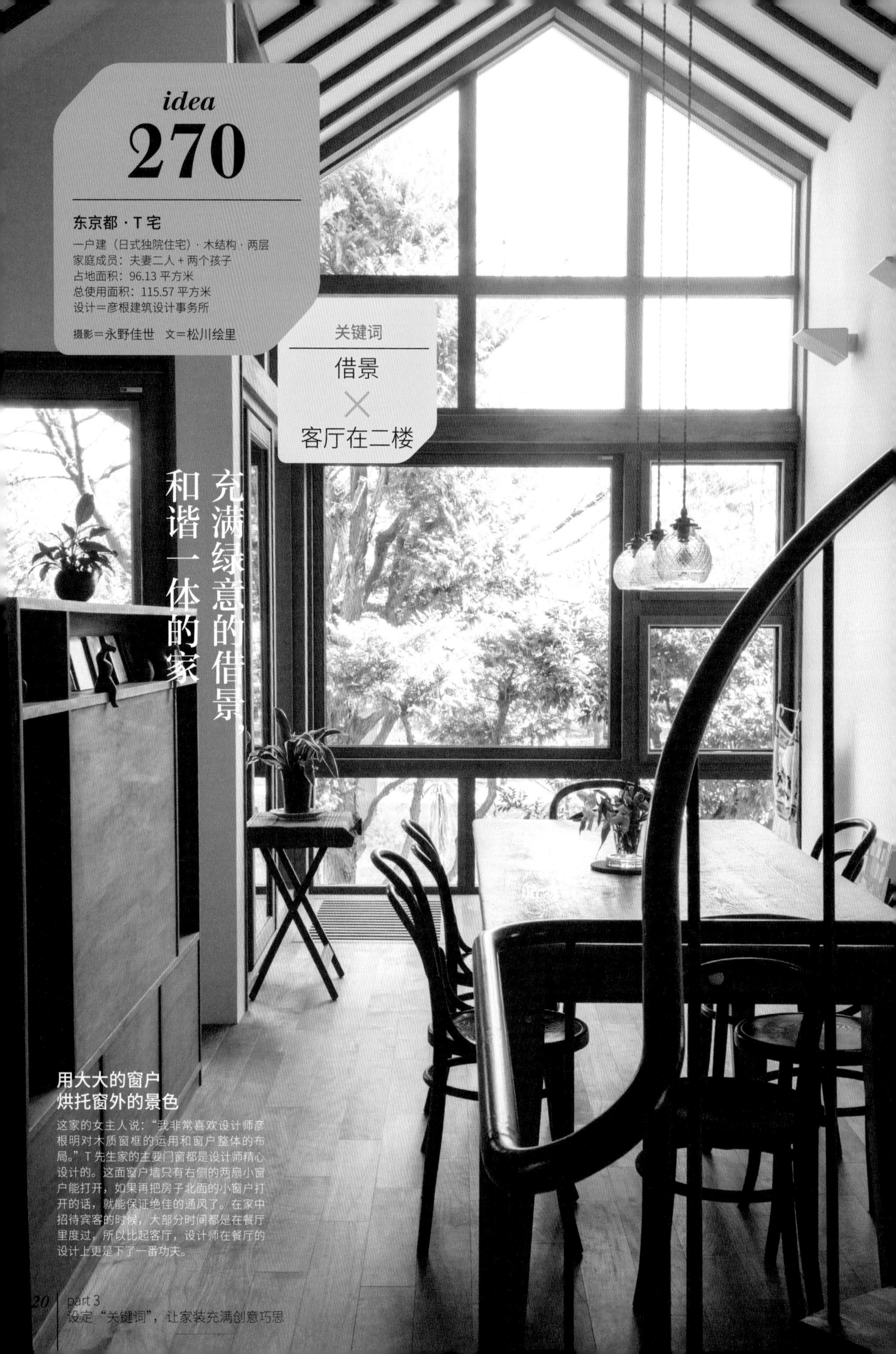

东京都·T宅

一户建（日式独院住宅）·木结构·两层
家庭成员：夫妻二人＋两个孩子
占地面积：96.13 平方米
总使用面积：115.57 平方米
设计＝彦根建筑设计事务所

摄影＝永野佳世　文＝松川绘里

关键词

借景

×

客厅在二楼

充满绿意的借景
和谐一体的家

用大大的窗户
烘托窗外的景色

这家的女主人说："我非常喜欢设计师彦根明对木质窗框的运用和窗户整体的布局。"T先生家的主要门窗都是设计师精心设计的。这面窗户墙只有右侧的两扇小窗户能打开，如果再把房子北面的小窗户打开的话，就能保证绝佳的通风了。在家中招待宾客的时候，大部分时间都是在餐厅里度过，所以比起客厅，设计师在餐厅的设计上更是下了一番功夫。

idea 271

可以当作料理教室的厨房

T太太会在家里的厨房开办料理教室，设计师因此为她设计了一个大大的操作台，方便大家围在这里学习做饭。厨房的颜色以土耳其蓝为基调，体现了T太太独到又有品位的审美眼光。

idea 272

美观实用的厨房拉门

为了不让做饭的声音和味道影响餐厅和客厅，厨房门口多加了一扇拉门。拉门的上半部分弄成了玻璃，这样关上门也不会觉得厨房太闭塞压抑。为了增加视觉亮点，厨房的拉门涂成了宝蓝色。

idea 273

房间的合理布局

为了能够最大限度地享受房子东面绿地带来的美景，二楼的客厅和餐厅的墙面上设计了一整面窗户。一楼在将卧室、儿童房、卫浴和书房等紧凑地安排在一起的同时，还保证了玄关部分的充足面积。

让自然的美景融入日常生活

位于东京市中心的 T 先生家东面有一片自治体管理的绿地。T 先生在找房子的时候就希望家周围能够有良好的环境，为此花费了三年的时间，才找到现在这个理想的房子。在找房子的同时，T 先生还在寻找设计师，最终决定委托善于为室内巧妙借景的彦根明为家里进行设计。

现在，T 先生家最能够感受到周边优美环境的地方，就是二楼的客厅和餐厅。天花板最高达 4 米，东面的一整面墙全部做成窗户，并依靠木质的窗框对外面的绿树蓝天进行分割——眼前的美景让人似乎忘却身处热闹的大都市。冬天如果天气不错的话，还可以在外面的露台吃个饭。

为高高的天花板增添了一丝温暖的质朴气息的，是上面等间距排列的椽子。最初，设计师将天花板全部设计成了白色，但来监工的 T 太太在施工现场看到了这些椽子，并迅速喜欢上了这种感觉。于是，设计师变更了设计方案，将这些椽子保留了下来。看得出，T 先生和太太对家里的装修相当用心。

idea
274

通过借景
"绿化"房间

二楼的客厅和餐厅最适合欣赏房
前绿地的美景，一上二楼眼前就
是一大片绿色。左图中柜子的旁
边是客厅，另一面则摆放着电视。

idea
275

用楼梯将
餐厅和厨房分开

餐厅和厨房虽然是相通的，但是
两个空间中间夹着一个螺旋楼梯
形成了一个自然的空间划分。楼
上的小阁楼通过一扇小窗户和客
厅相连，在这里也能欣赏到外面
的景色。

idea
277

走廊的窗户
也点缀一番

idea
276

方格瓷砖提升厨房时尚度

明亮的厨房里，水池前面的墙上贴了蓝色的小方格瓷砖，颜色和材质都让人眼前一亮。将做饭用具挂在橱柜下方的设计，充分考虑到了使用时的便利。因为开办料理教室需要洗很多碗碟，所以选择了德国 Miele 牌的大容量洗碗机，方便实用的性能让 T 太太赞不绝口。

二楼的走廊如果是封闭的墙体就会显得昏暗，因此设计师将这里改造成了玻璃墙，既可以保证光线，又能借到外面的景色。玻璃前摆放的是 T 先生一家在非洲买的艺术品。

idea
278

用心装饰每一个角落

在柔和的土耳其蓝墙面上安装了一个专门用来摆放装饰品的架子。架子上摆放了 T 先生一家在海外居住时买的工艺品，为了能更好地衬托这些工艺品，架子选用了深棕色的木板。

idea
279

享受四季美景的露台

即便房子的面积不是很大，但这个露台依然显得很宽敞。如果打开玻璃门的话，露台就和客厅成为一体。眼前有一棵樱花树，足不出户就能欣赏到鲜花、绿树和红叶等美景。露台的顶部和室内选用了同样的材质，保证了室内外的统一协调。

相通却又各自独立的客厅与餐厅

餐厅和客厅是通着的，但比起餐厅高高的天花板，客厅的天花板则显得低一些，让人能安下心来。用来划分客厅与餐厅的不是隔断墙，而是这个柜子，里面摆放着电视机和录像机等。T太太说："虽然没有墙隔着，但就算孩子们在客厅打滚，待在餐厅也是看不到的，我很满意这一点。"此外，坐在客厅的沙发上就能够欣赏外面的景色。

idea
281

保留书房
天花板上的洞

装修的时候，为了将家具搬到二楼，就在一楼书房的天花板上开了一个洞。这个洞现在保留了下来，并做成了镂空天花板。这样一来，二楼的阳光就可以洒进书房，还有利于房间的空气循环。

idea
282

房间虽小
但依然舒适

一楼的每一个房间面积都不是很大，房间和房间之间靠隔断墙划分。虽然不宽敞，但依然能够保证舒适度。

idea 283

省时省力
的房间布局

按洗面室、衣帽间、卧室这个顺序布局的一楼让T太太非常满意，因为这样她就能够在卧室将洗完烘干的衣物叠好，然后直接放到衣帽间，非常省时省力。

idea 284

玄关特意
留出足够的空间

即便家的整体面积不算大，但是设计师依然特意为玄关部分留出了足够的空间。据说这是因为如果出入口的地方宽敞，人从心理上就不会感到拘束和拘谨。

idea 285

可以放
小物件的邮箱

打开大门旁边的白色邮箱，会发现里面分成了两部分，上面用来收信件，下面则放了鞋拔、鞋油等小物件。

idea 286

增加亲切度的
窗户和山形房顶

T先生希望房子在外观上能好看一些，所以设计在朝向街道的外墙安装了几扇小窗户。山形的房顶也让人感觉很亲切。

设计师资料

彦根建筑设计事务所
地址：东京都世田谷区成城 7-5-3
电话：03-5429-0333
传真：03-5429-0335
电子邮箱：aha@a-h-ARCHITECTS.com
主页链接：http://www.a-h-ARCHITECTS.com

简介

彦根明
Akira Hikone
1962 年生于埼玉县。东京艺术大学建筑学研究生毕业，曾在矶崎新工作室工作，1990 年创设彦根建筑设计事务所。

房屋资料

T 宅所在地：东京都
家庭成员：夫妻二人 + 两个孩子
结构层数：木结构·两层
占地面积：96.13 平方米
总使用面积：115.57 平方米
一楼使用面积：57.66 平方米
二楼使用面积：54.60 平方米
阁楼使用面积：11.59 平方米
地域类型：第一种低层居住专用地域
该区域建筑密度：60%
容积率：150%
设计期间：2011 年 11 月 -2012 年 7 月
施工期间：2012 年 8 月 -2013 年 4 月
施工单位：渡边技研

建材

外部使用建材
房顶：铝锌合金镀层钢板
外墙：水泥

内部使用建材
餐厅
地板：柚木复合地板、蜜蜡
墙面：扇贝粉涂料
房顶：扇贝粉涂料

主要设备及家用器具厂家
厨房：定做
卫浴设备：TOTO、INAX（LIXIL）、GROHE、T-form
照明器具：远藤照明、YAMAGIWA、DAIKO、ERCO

idea

287

爱知县·羽生宅

一户建（日式独院住宅）·木结构·平房
家庭成员：夫妻二人＋一个孩子
占地面积：231.74 平方米
总使用面积：98.13 平方米
设计＝ MDS 一级建筑士事务所

摄影＝山口幸一　文＝宫崎博子

关键词

平房

×

中庭

靠木材和水泥墙
享受光的变化

明亮的北面客厅

羽生先生最在意的就是拥有充足阳光的客厅的墙面质感。他满意地说："原本我想让墙面的质感更粗糙一点，但是设计师森清敏和川村奈津子告诉我现在这样刚刚好。"

idea
288

为将来做好打算，
提前准备宽敞的儿童房

儿童房的位置在餐厅的旁边，虽然现在女儿还小，但
为了将来生了二胎也能继续使用这间屋子，提前打造
了两个入口。

idea
289

简约干练
的厨房

羽生太太喜欢不锈钢那种酷酷的感觉，所以选择了
"东洋厨房"为家里打造厨房。配合干练的厨房风格，
抽油烟机也选择了四四方方的形状。

idea
290

利用斜墙提高
居住的舒适度

通过倾斜的墙壁、倾斜的房顶再加上地板
的高度差，增强了远近感的效果，让室内
感觉更加宽敞。位于客厅尽头的卧室，地
板是整栋房子里最高的，这个设计也让卧
室变成了一个独立的空间。从卧室穿过中
庭，就可以直接来到浴室。

1F

农田

衣帽间
（约5.6m²）

洗衣机

浴室

儿童房
（约18.5m²）

中庭

约11.8m²

客厅
（约25.1m²）

玄关

餐厅
（约19.5m²）

车库

冰箱

日本庭园

羽生娘家的房子

0.5m　　2m

1m

完全利用
厨房的背面空间

厨房背面有一个黑色的大收纳柜，里面放着一些家电，就连空调都藏了进去，保证了家里的整洁。柜子下面除了可以放电脑外，还可以用来摆放一些装饰品。这里也是羽生太太让自己放松身心的场所。

通过两面斜墙和有高低落差的地板，让室内空间更具个性

　　搬离了结婚以后一直住的公寓，羽生夫妇带着两岁的女儿在羽生太太娘家的西面盖了新房子。这个家从地皮形状来看，南北走向比较长。

　　设计的时候，设计师考虑到房子不能太高，不能遮挡住羽生太太娘家的景色，所以选择为羽生夫妇打造一个平房。

　　这个房子的地皮向南渐渐倾斜，设计师决定按照地形特点，在房子中加一个跃层。这个细长的房子里有两面墙是斜的，整个空间也因此被划分出各种各样的形状。

　　出入口在房子的西面，通过在客厅和卧室之间打造一个中庭，让阳光直接照射进来。羽生太太满意地说："随着时间的变化，照射进屋内的阳光也会发生变化，为家中带来不一样的感觉。"自从搬到这个新家以后，羽生太太越来越喜欢种花，或是为家里做装饰布置了。房间的布局、纯色的木板以及粉刷的墙壁都为整个家增加了独特的味道。

idea 293

通过中庭感受大自然

idea 292

利用地板的高度差划分空间

客厅和餐厅、厨房其实是一体的，但因为客厅和餐厅之间有一定的高度差，所以各个区域的空间自然而然地各自独立。设计师利用这个高度差设计了20厘米的台阶，刚好可以用来代替长椅。

从中庭抬头仰望，感觉天空离自己那么近。这个中庭也为每天的日常生活增添了不一样的情调。

idea 294

透过窄窗就能 看到娘家的巧妙设计

餐厅和客厅之间的墙上有一扇窄窄的窗户，透过这个窗户正好能够看到羽生太太的娘家。虽然羽生太太几乎每天都会回趟娘家，但这种既能看到又互不打扰的设计也体现出了设计师的贴心。

idea 295

用光与影的对比衬托木质房梁

天花板上的房梁让人感受到了房子的大气。房梁使用了美国松木材质，上面贴的胶合板涂成了棕黄色。通过涂成深色强调光影的效果，令整个木质结构更加立体。

idea 296

白天夜晚风格多变的家

浴室朝向中庭，具有良好的采光和通风。羽生先生介绍说："不仅白天很美，晚上的感觉也很不错呢。晚上在浴缸泡澡的时候，客厅的灯光间接照在卧室的窗户上，就像欣赏美丽的夜景一般。"

idea 297

映衬出中庭绿树的白色洗面室

与色调偏昏暗的客厅、餐厅截然不同，浴室和洗面室的风格以白色为基调。定做的洗面台的两个水池嵌在台面下，非常便于收拾打理。

idea 298

晚上通过间接照明营造出情调

羽生家的照明设备是由曾参与晴空塔灯光设计的照明设计师户恒浩人一手打造的。房梁中间安装了 LED 灯，将木材映照出独特韵味。

idea 299

为将来提前做好准备的儿童房

天花板很高的儿童房现在用作了羽生先生的音响房。为了将来能在这间儿童房上打造一个阁楼，所以在墙壁上方提前安装好了接线。

idea 300

能够眺望天空的卧室

室内外的墙壁采用同样的材质和工艺，让室内外的界线变得模糊。羽生太太称赞道："从卧室就能眺望天空，这感觉太棒了！"并且，卧室里非常通风，起到了防潮的作用。

idea 301

平坦的柜门，弱化了收纳间的存在感

厕所里面安装了一扇窗户，让厕所显得很明亮。右手边看着像一面墙，但其实是个壁柜，左手边的门打开就是浴室和洗面室。

idea 302

玄关处设计出专门放雨伞的位置

玄关处的水泥台上开了一个小圆洞，专门用来放雨伞。这样回家的时候就可以先将手边的东西放下，再掏钥匙开门了。

idea 303

利于节能的格子门

因为羽生太太不希望一进门就将室内看得一清二楚，所以便设计了这个格子玻璃门。虽然门的上方是打通的，但门上的玻璃依然能够保证夏天开空调的时候，冷气不会跑走。

idea 304

阳光映衬出质感

阳光透过百叶窗照射在木地板和墙面上，进一步提升了地板和墙面的质感。

idea 305

和周边环境相称的外观

采用烧杉木装修的外墙从正面看有一种朴实的温馨感。设计师森清敏介绍道："为了让羽生太太的娘家不会被遮挡住，房子西面的屋檐斜着低了下来。"

idea 306

烧杉木和钢筋混凝土的绝妙搭配

由于羽生先生很喜欢水泥的质感，所以外墙的设计便融入了这个元素。钢筋混凝土在这里用作了杉木板材的型板，和烧杉木的质感绝妙地搭配在了一起。

设计师资料

MDS 一级建筑士事务所
地址：东京都港区南青山 5-4-35-907
电话：03-5468-0825
传真：03-5468-0826
电子邮箱：info@mds-arch.com
主页链接：http://www.mds-arch.com

简介

森清敏 + 川村奈津子

Kiyotoshi Mori，静冈县生。曾在大成建设任职，2003 年成为 MDS 一级建筑士事务所的共同管理者。
Natsuko Kawamura，神奈川县生。曾在大成建设任职，2002 年成为 MDS 一级建筑士事务所的共同管理者。

房屋资料

羽生宅所在地：爱知县
家庭成员：夫妻二人 + 一个孩子
结构层数：木结构·平房
占地面积：231.74 平方米
总使用面积：98.13 平方米
地域类型：准工业地域
该区域建筑密度：43.48%
容积率：42.35%
设计期间：2011 年 5 月 -2011 年 11 月
施工期间：2011 年 12 月 -2012 年 5 月
施工单位：小原木材
室内搭配：ARCHITECTS STUDIO JAPAN

建材

外部使用建材
房顶：铝锌合金镀层钢板
外墙：烧杉木、水泥

内部使用建材
客厅、餐厅、厨房
地板：水曲柳木地板
墙面：水泥
房顶：美国松木

主要设备及家用器具厂家
厨房器具：东洋厨房、三菱电机
卫浴设备：CERA TRADING、TOTO、大洋金物、INAX（LIXIL）
照明设计：SIRIUS LIGHTING OFFICEFICE
供暖系统：TAFU

idea
307

千叶县·T宅
一户建（日式独院住宅）·木结构·两层
家庭成员：夫妻二人 + 两个孩子
占地面积：143.81 平方米
总使用面积：114.29 平方米
设计＝直井建筑设计事务所

摄影＝多田昌弘　文＝松林裕美

关键词

真火壁炉

×

挑空客厅

在壁炉边谈天说地
家人可以围坐

约 7 米高的挑空客厅令整个空间宽敞舒适。窗户是长方形，能更好地欣赏落日的美景。

idea 308

通过挑空客厅
纵向连接整个空间

T先生家的一楼有客厅、餐厅、厨房和和室等，二楼主要是卧室，这些房间都朝向挑空客厅，纵向连接在一起。一楼的和室将来打算留给父母住，小厨房用的水管道等也铺设完毕。

RF

2F

1F

idea 309

房顶上的小烟囱
与房顶完美结合

从外面能看到三角形房顶上真火壁炉的小烟囱，设计师直井解释称"挑空客厅和烟囱搭配很和谐，我们也想从外观上强调这一点"。细长的窗户令人印象深刻，虽然是简单的设计，却让人感觉很有个性。

idea 310

治愈身心
的真火壁炉

冬天的取暖主要依靠这个丹麦品牌Morso的真火壁炉，据说T先生决定购买这款，也是看上了它简洁大方的设计，燃烧的火焰还有治愈效果。此外，T先生和太太平时都很注意壁炉的保养。

挑空客厅让整个家纵向地连接在一起

因为孩子开始上小学，所以 T 先生便考虑重新把家装修一下。为了让孩子们能有一个舒适的居住环境，T 先生委托了设计师直井克敏和直井德子负责新家的设计。

能够欣赏到美丽的落日，家中还有真火壁炉——这是 T 先生理想中的家的样子。T 先生告诉直井克敏和直井德子，现代人过于依赖空调等电器，自己希望新家改造成能够享受自然光和真火的家。因此，设计

师在客厅和餐厅的中央设计了挑空客厅，并在墙上开了细长的窗户，以便欣赏美丽的夕阳。这个真火壁炉也成为了取暖的主要设备。

房间的南面设计了一扇大落地窗。T 太太说："即便是冬天，只要阳光充足，屋里就几乎不需要开空调，靠着真火壁炉的热度就已经很舒服了。而且，这个壁炉能烤比萨或者棉花糖，甚至还能烤红薯，孩子们可高兴了。家里来朋友的时候，做些小点心也都靠这个壁炉。"

此外，为生活润色的还有外面的院子。虽然不是

idea
311

柔和的光线
打造自然的空间

墙上细长的窗户和大落地窗为客厅和餐厅带来了充足的光线。虽然是一体式的空间，但因为天花板的高度并不一致，所以整个房间既宽敞又舒适。简洁的色调和设计，不仅让房间看起来干净整洁，而且还非常温馨。

idea
312

挑空客厅
连接上下左右

T 先生家几乎所有的房间都朝向整个挑客空厅，待在家里时既能听到家人的动静，又感觉非常敞亮。挑空厅的高度约 7 米。

idea
313

非常方便
的收纳

厨房的操作台上设计了一个架子，里面放着调味料等厨房用品。这个架子宽 20 厘米，拿放东西都十分方便。操作台后面的壁柜也用作收纳，里面放着餐具和小家电等。

完全封闭式，但院子里种了很多植物，所以既可以保护隐私，又能很好地融入周围的环境。重新装修过后，新家也带给了 T 先生一家人不同于以往的体验，在家中就能很好地感受四季的变化。据说，劈柴已经成为 T 先生放假在家的乐趣之一了。T 先生说："一旦生活贴近阳光、风和植物，就会更想珍惜每一天的生活。"

idea 314

具有浓厚生活气息的装饰架

小清新风格玄关的木门上方，用玻璃制作了装饰架，上面摆放着一些小物件。这也是设计师的创意，希望借此向周围传递出这家主人的生活气息。

idea 316

衣柜和洗衣机放在同一个地方

二楼除了卧室和儿童房外，还有一个供全家人使用的衣柜。虽然只是在里面安装了挂衣杆和架子，却方便实用。旁边放着洗衣机，换下来的衣物随手就能放到洗衣机里。

idea 315

方格瓷砖装点厨房

厨房墙壁的一部分采用了平田瓷砖生产的方格瓷砖，厨房则选择了三维浦（SUNWAVE）的整体厨房，降低了成本。

idea 318

大容量的壁橱让厨房随时保持整洁

为了既拥有生活气息，又能保持整洁，设计师在厨房的墙面设计了一套壁橱。里面放餐具、厨房用小家电，以及储存一些食材，用处非常大。

idea 317

楼梯下面的收纳空间

设计师充分利用了楼梯下面的空间来收纳杂物。通过市面上卖的篮筐和透明收纳盒为内部空间分层，孩子们的书和玩具放在里面，既方便拿又方便整理。此外，T先生和太太还将行李箱和高尔夫球包等东西都放在了这里。

idea 319

可以灵活调整的房间布局

T先生的两个儿子，一个上小学四年级，一个上小学一年级。现在，两个孩子虽然住在同一个房间，但将来长大以后就要各自拥有自己的房间了。现在这个儿童房，到时候就可以根据需要分成两间房间。可以灵活调整的房间布局，更增加了实用性。

idea 320

房间之间保持
刚刚好的距离

这张照片是待在儿童房里越过挑空客厅看主卧。每一个房间朝向挑空客厅的那面墙都安装了拉门，通过开关门，让每个房间之间能够保持刚刚好的距离。

idea 321

挑空客厅——
整个房间的立体连接

约 7 米高的挑空客厅除了可以让房间获得更好的采光外，还能起到连接整个空间的作用。这张照片的右手边房间是主卧，左手边是儿童房。并且，挑空客厅还很好地将一楼和二楼连接成一体。

idea 322

为生活带来
乐趣的绿色庭院

设计师在院子里为 T 先生和太太选定了种树的地点，至于种植什么品种的树则交给 T 先生自己决定。T 先生在节省了成本的同时，还兴致勃勃地参与了一把新家的打造。宽敞院子的一角，堆放着真火壁炉用的柴火。

idea 323

休息空间
最注重舒适度

三角形的房顶直接体现在了主卧里，墙上小小的窗户也成为了房间里的亮点。采用简单的配色和设计打造的卧室，可以很好地起到消除疲劳的作用。

idea 324

将绿色
分享给左邻右舍

原本这个木栅栏是为了保护一家人的隐私，但 T 先生希望在栅栏下方凿开一定的空间通到外面，再种些花花草草，将绿色分享给左邻右舍。

idea 325

既保护隐私
又很通透的栅栏

木栅栏高 1.6 米，除了可以很好地保护 T 先生一家人的隐私外，还很好地展现了一家人的生活气息。房子的外墙涂成了象牙色，这也是为了与周围环境相协调而选择的。

设计师资料

直井建筑设计事务所
地址：东京都千代田区神田骏河台 3-1-9 2F-A
电话：03-6273-7967
传真：03-6273-7968
电子邮箱：contact@naoi-a.com
主页链接：http://www.naoi-a.com

简介

直井克敏 + 直井德子

Katsutoshi Naoi，1973 年生。
Noriko Naoi，1972 年生。
夫妻二人都曾在设计事务所工作，2001 年共同创办直井建筑设计事务所。

房屋资料

T 宅所在地：千叶县
家庭成员：夫妻二人 + 两个孩子
结构层数：木结构·两层
占地面积：143.81 平方米
总使用面积：114.29 平方米
一楼使用面积：59.63 平方米
二楼使用面积：54.66 平方米
地域类型：第一种低层居住专用地域
该区域建筑密度：50%
容积率：100%
设计期间：2011 年 7 月 -2011 年 12 月
施工期间：2012 年 1 月 -2012 年 7 月
施工单位：大作

建材

外部使用建材
房顶：铝锌合金镀层钢板
外墙：专用水泥

内部使用建材
客厅、餐厅
地板：橡木单色地板、一部分贴瓷砖
墙面、房顶：硅藻土墙纸
厨房
地板：橡木单色地板
墙面：硅藻土墙纸、一部分贴瓷砖
房顶：硅藻土墙纸

主要设备及家用器具厂家
整体厨房：三维浦（SUNWAVE）
卫浴设备：INAX（LIXIL）、sanwa company
照明器具：松下电器、丹麦 Louis Poulsen、远藤照明、世嘉智尼（Sugatsune）

对家装有帮助
的人气店铺大盘点

家具

从书桌到整体厨房
为居家生活提供全面帮助

店里汇集了从进口家具到原创家具、生活百货、室内装饰织物、整体厨房在内的各种家装所需产品，应有尽有的种类让你在一家店里就能搞定全部所需。

ACTUS 新宿店
东京都新宿区新宿 2-19-1 BYGS 大厦 1F、2F
电话：03-3350-6011
营业时间：11:00—20:00 无固定休息日
主页：http://actus-interior.com/

从家具到艺术品
提供丰富多彩的生活方式

这家三层的舰旗店为顾客提供了从家具到日用百货的种种商品。顾客可以在展厅里感受到 iDÉE 所带来的新观念。可承包房屋翻新。

iDÉE SHOP jiyugaoka
东京都目黑区自由之丘 2-16-29
电话：03-5701-7555
营业时间：11:30—20:00（周末 11:00 — 20:00）
元旦前后　主页：http://www.idee.co.jp/

个性家具、古董家具、定制家具
总有一款适合你

以个性家具为主，甚至还可以找到颇有人气的北欧古董家具以及日常百货。Karf 还提供家具定做和旧房翻新服务。

Karf 目黑店
东京都目黑区目黑 3-10-11
电话：03-5721-3931
营业时间：11:00—19:00 周三休息
主页：http://www.karf.co.jp/

从客厅餐厅到卧室
为全家提供最高品质

店内商品的设计理念为"日本的审美"，不仅有个性的家具、餐桌椅，还有各种装饰品。

TIME&STYLE MIDTOWN
东京都港区赤坂 9-7-4 东京 Midtown Galleria3F
电话：03-5413-3501
营业时间：11:00—21:00 无固定休息日
主页：http://www.timeandstyle.com/

在日本也能买到美国古董家具
从海外采购到维修一条龙服务

店家凭借独特的价值观为顾客选购了 20 世纪 40 年代至 20 世纪 70 年代间的古董家具。从美国西海岸等地采购到专人维修，店家可为顾客提供周到的一条龙服务。

ACME Furniture 自由之丘店
东京都目黑区自由之丘 2-17-7 1F
电话：03-5731-9715
营业时间：11:00—20:00 无固定休息日
主页：http://acme.co.jp/version/

喜欢家装的朋友不可错过
名家设计、经典之作应有尽有

店里展出了来自世界各地的最新设计师家具以及家具史上的经典名作。店内的陈列像展馆一样，非常适合让顾客想象自己的家中应该搭配哪些家具。

hhstyle.com 青山总店
东京都港区北青山 2-7-15NTT 青山大厦 er AOYAMA
电话：03-5772-1112
营业时间：12:00—20:00 元旦前后
主页：http:// www.hhstyle.co.jp/

亲身感受大师的设计
可以试坐的路面店

这家路面店为顾客提供曾设计出 Y Chair 等众多经典之作的椅子设计大师汉斯·韦格纳的家具。来到店里，还能逐一体验一番。

Carl Hansen&Son FLAGSHIP STORE
东京都涩谷区神宫前 2-5-10 青山 ART WORKS1F、2F
电话：03-5413-5421
营业时间：11:00—20:00（周末及节假日 12:00-19:00）　主页：http://www.carlhansen.jp/

不乏忠实粉丝的
突出材质的设计

TRUCK 的家具设计简洁大方，充分突出了木材、皮革、金属等原材料的美感。这里还同时开设了咖啡店"Bird"。

TRUCK
大阪市旭区新森 6-8-48
电话：06-6958-7055
营业时间：11:00—19:00 每个月第一、第三个周三休息　主页：http://truck-furniture.co.jp/

大理石外墙的极简设计
店内陈列着来自意大利的流行之物

宽敞的店内汇集了以 ARFLEX 为首的五家意大利时尚家具品牌，并竭诚为顾客提供修理等售后服务。

ARFLEX SHOP TOKYO
东京都涩谷区广尾 1-1-40 惠比寿 PRiME SQUARE 1F
电话：03-3486-8899
营业时间：11:00—19:00 周三休息
主页：http://www.arflex.co.jp/shop/

用意大利的时尚家具
打造理想的简约空间

这里是意大利时尚家具的代表品牌卡西纳（Cassina）的正规代理店。备受世界喜爱的经典家具在优雅的空间中展出。

Cassina·ixc 青山总店
东京都港区南青山 2-12-14 UNiMAT 青山大厦 1F-3F
电话：03-5474-9001
营业时间：11:00—19:30 无固定休息日
主页：http://www.cassina-ixc.jp/

品味出众的买手店

店内为顾客提供英国最负盛名的设计评论家特伦斯·考伦爵士从世界各地精选的家居用品及个性商品。整齐摆放的家具，实用性和美观兼具。

The Conran Shop 新宿总店
东京都新宿区西新宿 3-7-1 新宿 Park Tower3F、4F
电话：03-5322-6600
营业时间：11:00—19:00 非节假日的周三休息
主页：http://www.conran.co.jp/

家具固定、定制家具
旧房翻新都可以来这里

FILE 自定制家具起家，已经有 20 个年头。可以为顾客提供耐用的家具。陈列古董家具的样板房也不容错过。

FILE furniture works
东京都目黑区中町 1-6-12 1F
电话：03-3716-9111
营业时间：11:00—19:00 周三、四休息
主页：http://www.FILE-g.com/

亲眼看、亲手摸
体验式 Showroom

这间 Showroom 内陈列着从瓷砖、石材、木地板等建材到金属零部件、洗面池等装修时必定会用到的零件和设备。

ADVAN 东京 Showroom
东京都涩谷区神宫前 4-32-14
电话：03-3475-0194
营业时间：10:00—18:00（周日为预约制，元旦前后、法定节假日及暑期休息）主页：http://showroom.advan.co.jp/

门窗、小五金、建筑材料等
全部旧物再利用

想要寻找旧材料、旧门窗，或是地板蜡、涂料、小五金甚至古董家具的朋友一定不要错过这家店。店内还提供定制家具的服务。

GALLUP NAKAMEGURO SHOWROOM
东京都目黑区青叶台 3-18-9
电话：03-5428-5567
营业时间：10:00—19:00 元旦前后
主页：http://www.thegallup.com/

各式各样、五颜六色的瓷砖
让家中不再暗淡没有光彩

不管是室内用还是室外用的瓷砖，甚至是地板上铺的瓷砖，都可以在这里找到。这里的瓷砖种类齐全，色彩丰富，日本全国共有 8 家 Showroom。

NAGOYA MOSAIC 东京 SHOWROOM
东京都涩谷区代代木 1 丁目 21 番 8 号
电话：03-5350-3111
营业时间：10:00—17:00 法定假日休息
主页：http://www.nagoya-mosaic.co.jp/

想为房间增添亮点
不妨来这里选个小零件吧

店里陈列着许多家居小零件以及生活日用品，甚至还能找到时尚感极强的门把手和灯具等。如果想为家里增添亮点，不妨选一两个回家吧。

P.F.S PARTS CENTER
东京都涩谷区惠比寿南 1-17-5
电话：03-3719-8935
营业时间：11:00—20:00 周二休息
主页：http://pfservice.co.jp/

掌握最新瓷砖流行动向
瓷砖专属 Showroom

从具有极强设计感的 "Hi-Ceramics" 到销售手工制瓷砖的 "BICUIT"，店里拥有从世界各地收集来的各种瓷砖。

HIRATA TILE 大阪 Showroom/BISCUIT
大阪市西区阿波座 1-1-10
电话：06-6532-1280
营业时间：10:00—17:00 每周三、法定节假日及元旦前后休息 主页：http://www.hiratatile.co.jp/

从经典名作到最前沿设计
新老设计师的照明设备都在这里

从国内外著名的设计师设计的经典作品，到目前最前沿的新品，店内有许多既美观又实用的照明灯具。在宽敞的店内，就已经可以感受到各种灯光带来的视觉盛宴了。

FLOS SPACE
东京都港区东麻布 1-23-5PMC 大厦 8F
电话：03-3582-1468
营业时间：11:00—17:00 周六、日休息，法定假日为预约制 主页：http://japan.flos.com/

想要为房子换种风格的时候
不妨换一张个性的壁纸

引领海外潮流的人气壁纸整齐排列开来，充足的货源广受好评。如果有库存的话，当场即可购买。此外，这里还会开展教大家如何贴壁纸等活动。

WALPA STORE TOKYO
东京都涩谷区惠比寿西 1-17-2 Charmant-corpo 惠比寿 1F 101 室
电话：03-6416-3410
营业时间：11:00—19:00 无固定休息日
主页：http://walpa.jp/

从喷漆到色彩推荐
为顾客提供全方位服务

店里为顾客提供英国 FARROW&BALL 公司的水性涂料、壁纸，以及 1488 种颜色的独家水性涂料 Hip 等。在这里，还可以买到那种涂在墙壁上就能书写的涂料。

COLORWORKS Palette Showroom
东京都千代田区东神田 1-14-2 Palette 大厦
电话：03-3864-0820
营业时间：10:00—18:00 周日及法定节假日休息
主页：http://www.colorworks.co.jp/

随意为墙壁粉刷颜色
想要的颜色和质感都在这里

这里有各种质感的水性涂料以及 288 种精挑细选的颜色，还能为顾客提供独一份的调和色。此外，店里每个星期还会开展研讨会。

PORTER'S PAINTS
神奈川县川崎市高津区下作延 7-1-3
电话：044-379-3736
营业时间：10:00—17:00 周三、日及法定节假日休息
主页：http://porters-paints.com/

提供阳台或院子的设计方案
还有个性的园艺工具

店内为顾客介绍从树苗、观赏植物到花盆、园艺工具等在内的所有商品。还可以在这里买到室外种植的树苗、观叶植物、多肉植物等各种各样的植物以及花盆等园艺工具。

SOLSO FARM
神奈川县川崎市宫前区野川 3414
电话：044-740-3770
营业时间：10:00—17:00 周末及法定节假日营业
主页：http://solso.jp/ http://solsofarm.com/

为都市生活
带来绿色滋润的盆栽专卖店

位于涩谷街头的这家盆栽专卖店仿佛一座小小的森林。为顾客提供适合日式家庭小巧氛围的盆栽。

NEO GREEN 涩谷
东京都涩谷区神山町 1 番 5 号 GreenHills 神山 1F
电话：03-3467-0788
营业时间：12:00—20:00 元旦前后休息
主页：http://www.neogreen.co.jp/

有品位的设计
让家里焕然一新

这里是在叶山装修后重新开张的园艺设计事务所。老板梅津有很多粉丝，这里原创的花盆也很受欢迎。

YARD landscape planning office
神奈川县三浦郡叶山町下山口 1848-6
电话：044-845-9939
营业时间：9:00—19:00 周日及法定节假日休息
主页：http://www.yard-landscape.net/

这样的家更好住

[日] 株式会社无限知识 著

曹倩 译

理想を叶えた間取りとインテリア 325

by X-Knowledge Co.,Ltd.

图书在版编目 (CIP) 数据

这样的家更好住 / 日本株式会社无限知识著；曹倩
译 . — 北京：北京联合出版公司，2017.9 (2018.3 重印)
ISBN 978-7-5596-0627-3

Ⅰ . ①这… Ⅱ . ①日… ②曹… Ⅲ . ①家装设计
Ⅳ . ① TU

中国版本图书馆 CIP 数据核字 (2017) 第 177986 号

北京市版权局著作权合同登记号 图字:01-2017-4596 号

策　　划	联合天际
责任编辑	崔保华　李　伟
特约编辑	王　絮
美术编辑	冉　冉
封面设计	汐　和

关注未读好书

出　　版	北京联合出版公司
	北京市西城区德外大街 83 号楼 9 层　100088
发　　行	北京联合天畅发行公司
印　　刷	北京博海升彩色印刷有限公司
经　　销	新华书店
字　　数	193 千字
开　　本	787 毫米 × 1092 毫米　1/16　9 印张
版　　次	2017 年 9 月第 1 版　2018 年 3 月第 2 次印刷
I S B N	978-7-5596-0627-3
定　　价	75.00 元

未读 CLUB
会员服务平台